SOLIDWORKS®
Visualize教程

(2019版)

[美] DS SOLIDWORKS®公司 著

陈超祥 胡其登 主编

杭州新迪数字工程系统有限公司 编译

机械工业出版社

CHINA MACHINE PRESS

《SOLIDWORKS® Visualize教程（2019版）》是根据DS SOLIDWORKS®公司发布的《SOLIDWORKS® 2019：SOLIDWORKS Visualize》编译而成的，着重介绍了使用SOLIDWORKS Visualize软件进行渲染的基本方法和相关技术。本教程提供练习文件下载，详见"本书使用说明"。本教程提供高清语音教学视频，扫描书中二维码即可免费观看。

　　本教程在保留了英文原版教程精华和风格的基础上，按照中国读者的阅读习惯进行编译，配套教学资料齐全，适合企业工程设计人员和大专院校、职业技术院校相关专业师生使用。

图书在版编目（CIP）数据

SOLIDWORKS® Visualize教程: 2019版 / 美国DS SOLIDWORKS®公司著; 陈超祥，胡其登主编 . —北京：机械工业出版社，2019.9
SOLIDWORKS®公司官方指定培训教程　CSWP全球专业认证考试培训教程
ISBN 978-7-111-63358-7

Ⅰ.①S… Ⅱ.①美… ②陈… ③胡… Ⅲ.①计算机辅助设计 – 应用软件 – 教材　Ⅳ.① TP391.72

中国版本图书馆 CIP 数据核字（2019）第 165409 号

机械工业出版社（北京市百万庄大街 22 号　邮政编码 100037）
策划编辑：张雁茹　　　　　责任编辑：张雁茹
责任校对：陈 越　佟瑞鑫　封面设计：陈 沛
责任印制：张 博
北京市雅迪彩色印刷有限公司印刷
2019 年 10 月第 1 版第 1 次印刷
184mm × 260mm · 8.5 印张 · 224 千字
0 001—3 000 册
标准书号：ISBN 978-7-111-63358-7
定价：49.80 元

电话服务　　　　　　网络服务
客服电话：010-88361066　机 工 官 网：www.cmpbook.com
　　　　　010-88379833　机 工 官 博：weibo.com/cmp1952
　　　　　010-68326294　金 书 网：www.golden-book.com
封底无防伪标均为盗版　机工教育服务网：www.cmpedu.com

序

尊敬的中国 SOLIDWORKS 用户：

DS SOLIDWORKS® 公司很高兴为您提供这套最新的 SOLIDWORKS® 中文官方指定培训教程。我们对中国市场有着长期的承诺，自从 1996 年以来，我们就一直保持与北美地区同步发布 SOLIDWORKS 3D 设计软件的每一个中文版本。

我们感觉到 DS SOLIDWORKS® 公司与中国用户之间有着一种特殊的关系，因此也有着一份特殊的责任。这种关系是基于我们共同的价值观——创造性、创新性、卓越的技术，以及世界级的竞争能力。这些价值观一部分是由公司的共同创始人之一李向荣（Tommy Li）所建立的。李向荣是一位华裔工程师，他在定义并实施我们公司的关键性突破技术以及在指导我们的组织开发方面起到了很大的作用。

作为一家软件公司，DS SOLIDWORKS® 致力于带给用户世界一流水平的 3D 解决方案（包括设计、分析、产品数据管理、文档出版与发布），以帮助设计师和工程师开发出更好的产品。我们很荣幸地看到中国用户的数量在不断增长，大量杰出的工程师每天使用我们的软件来开发高质量、有竞争力的产品。

目前，中国正在经历一个迅猛发展的时期，从制造服务型经济转向创新驱动型经济。为了继续取得成功，中国需要相配套的软件工具。

SOLIDWORKS® 2019 是我们最新版本的软件，它在产品设计过程自动化及改进产品质量方面又提高了一步。该版本提供了许多新的功能和更多提高生产率的工具，可帮助机械设计师和工程师开发出更好的产品。

现在，我们提供了这套中文官方指定培训教程，体现出我们对中国用户长期持续的承诺。这套教程可以有效地帮助您把 SOLIDWORKS® 2019 软件在驱动设计创新和工程技术应用方面的强大威力全部释放出来。

我们为 SOLIDWORKS 能够帮助提升中国的产品设计和开发水平而感到自豪。现在您拥有了最好的软件工具以及配套教程，我们期待看到您用这些工具开发出创新的产品。

Gian Paolo Bassi
DS SOLIDWORKS® 公司首席执行官
2019 年 3 月

陈超祥　现任 DS SOLIDWORKS® 公司亚太区资深技术总监

陈超祥先生早年毕业于香港理工学院机械工程系，后获英国华威大学制造信息工程硕士和香港理工大学工业及系统工程博士学位。多年来，陈超祥先生致力于机械设计和 CAD 技术应用的研究，已发表技术文章 20 余篇，拥有多个国际专业组织的专业资格，是中国机械工程学会机械设计分会委员。陈超祥先生曾参与欧洲航天局"猎犬 2 号"火星探险项目，是取样器 4 位发明者之一，拥有美国发明专利（US Patent 6，837，312）。

前言

　　DS SOLIDWORKS® 公司是一家专业从事三维机械设计、工程分析、产品数据管理软件研发和销售的国际性公司。SOLIDWORKS 软件以其优异的性能、易用性和创新性，极大地提高了机械设计工程师的设计效率和设计质量，目前已成为主流 3D CAD 软件市场的标准，在全球拥有超过 600 万的用户。DS SOLIDWORKS® 公司的宗旨是：to help customers design better products and be more successful——让您的设计更精彩。

　　"SOLIDWORKS® 公司官方指定培训教程"是根据 DS SOLIDWORKS® 公司最新发布的 SOLIDWORKS® 2019 软件的配套英文版培训教程编译而成的，也是 CSWP 全球专业认证考试培训教程。本套教程是 DS SOLIDWORKS® 公司唯一正式授权在中国大陆出版的官方指定培训教程，也是迄今为止出版的最为完整的 SOLIDWORKS® 公司官方指定培训教程。

　　本套教程详细介绍了 SOLIDWORKS® 2019 软件和 Simulation 软件的功能，以及使用该软件进行三维产品设计、工程分析的方法、思路、技巧和步骤。值得一提的是，SOLIDWORKS® 2019 不仅在功能上进行了 600 多项改进，更加突出的是它在技术上的巨大进步与创新，从而可以更好地满足工程师的设计需求，带给新老用户更大的实惠！

　　《SOLIDWORKS® Visualize 教程（2019 版）》是根据 DS SOLIDWORKS® 公司发布的《SOLIDWORKS® 2019:SOLIDWORKS Visualize》编译而成的，着重介绍了使用 SOLIDWORKS Visualize 软件进行渲染的基本方法和相关技术。

胡其登　现任 DS SOLIDWORKS® 公司大中国区技术总监

　　胡其登先生毕业于北京航空航天大学，先后获得"计算机辅助设计与制造（CAD/CAM）"专业工学学士、工学硕士学位。毕业后一直从事 3D CAD/CAM/PDM/PLM 技术的研究与实践、软件开发、企业技术培训与支持、制造业企业信息化的深化应用与推广等工作，经验丰富，先后发表技术文章 20 余篇。在引进并消化吸收新技术的同时，注重理论与企业实际相结合。在给数以百计的企业进行技术交流、方案推介和顾问咨询等工作的过程中，在如何将 3D 技术成功应用到中国制造业企业的问题上，形成了自己的独到见解，总结出了推广企业信息化与数字化的最佳实践方法，帮助众多企业从 2D 平滑地过渡到了 3D，并为企业推荐和引进了 PDM/PLM 管理平台。作为系统实施的专家与顾问，以自身的理论与实践的知识体系，帮助企业成为 3D 数字化企业。

　　胡其登先生作为中国最早使用 SOLIDWORKS 软件的工程师，酷爱 3D 技术，先后为 SOLIDWORKS 社群培训培养了数以百计的工程师。目前负责 SOLIDWORKS 解决方案在大中国区全渠道的技术培训、支持、实施、服务及推广等全面技术工作。

　　本套教程在保留英文原版教程精华和风格的基础上，按照中国读者的阅读习惯进行编译，使其变得直观、通俗，让初学者易上手，让高手的设计效率和质量更上一层楼！

　　本套教程由 DS SOLIDWORKS® 公司亚太区资深技术总监陈超祥先生和大中国区技术总监胡其登先生担任主编，由杭州新迪数字工程系统有限公司副总经理陈志杨负责审校。承担编译、校对和录入工作的有陈志杨、张曦、李鹏、胡智明、肖冰、王靖等杭州新迪数字工程系统有限公司的技术人员。杭州新迪数字工程系统有限公司是 DS SOLIDWORKS® 公司的密切合作伙伴，拥有一支完整的软件研发队伍和技术支持队伍，长期承担着 SOLIDWORKS 核心软件研发、客户技术支持、培训教程编译等方面的工作。本教程的操作视频由 SOLIDWORKS 高级咨询顾问李伟制作。在此，对参与本教程编译和视频制作的工作人员表示诚挚的感谢。

　　由于时间仓促，书中难免存在疏漏和不足之处，恳请广大读者批评指正。

陈超祥　胡其登

2019 年 3 月

本书使用说明

关于本书

本书的目的是让读者学习如何使用 SOLIDWORKS Visualize 软件创建专业、高质量的渲染图、视频和 VR 输出。本书将重点讲解应用 SOLIDWORKS Visualize 进行工作所必需的基本技能和主要概念。本书作为在线帮助系统的一个有益补充，不可能完全替代软件自带的在线帮助系统。读者在对 SOLIDWORKS Visualize 软件的基本使用技能有了较好的了解之后，就能够参考在线帮助系统获得其他常用命令的信息，进而提高应用水平。

前提条件

读者在学习本书前，应该具备如下经验：
- 使用 Windows 操作系统的经验。
- 操作传统相机的经验。

编写原则

本书是基于过程或任务的方法而设计的培训教程，并不专注于介绍单项特征和软件功能。本书强调的是完成一项特定任务所应遵循的过程和步骤。通过一个个应用实例来演示这些过程和步骤，读者将学会为了完成一项特定的设计任务应采取的方法，以及所需要的命令、选项和菜单。

知识卡片

除了每章的研究实例和练习外，书中还提供了可供读者参考的"知识卡片"。这些"知识卡片"提供了软件使用工具的简单介绍和操作方法，可供读者随时查阅。

使用方法

本书的目的是希望读者在有 SOLIDWORKS Visualize 软件使用经验的教师指导下，在培训课中进行学习；希望读者通过"教师现场演示本书所提供的实例，学生跟着练习"的交互式学习方法，掌握软件的功能。

读者可以使用练习题来理解和练习书中讲解的或教师演示的内容。

标准、名词术语及单位

SOLIDWORKS 软件支持多种标准，如中国国家标准（GB）、美国国家标准（ANSI）、国际标准（ISO）、德国国家标准（DIN）和日本国家标准（JIS）。本书中的例子和练习基本上采用了中国国家标准（除个别为体现软件多样性的选项外）。为与软件保持一致，本书中一些名词术语和计量单位未与中国国家标准保持一致，请读者使用时注意。

练习文件下载方式

读者可以从网络平台下载本教程的练习文件，具体方法是：微信扫描右侧或封底的"机械工人之家"微信公众号，关注后输入"2019VI"即可获取下载地址。

机械工人之家

视频观看方式

扫描书中二维码可在线观看视频，二维码位于章节之中的"操作步骤"处。可使用手机或平板电脑扫码观看，也可复制手机或平板电脑扫码后的链接到浏览器中，用浏览器观看。

Windows 操作系统

本书所用的截屏图片是 SOLIDWORKS Visualize 运行在 Windows®10 时制作的。

格式约定

本书使用下表所列的格式约定：

约　　定	含　　义	约　　定	含　　义
【插入】/【凸台】	表示 SOLIDWORKS 软件命令和选项。例如，【插入】/【凸台】表示从菜单【插入】中选择【凸台】命令	⚠ 注意	软件使用时应注意的问题
提示	要点提示	操作步骤 步骤 1 步骤 2 步骤 3	表示课程中实例设计过程的各个步骤
技巧	软件使用技巧		

配色方案

SOLIDWORKS Visualize 软件提供了两种预定义的配色方案，可以控制图标中显示的颜色和软件的背景外观。"光源"主题用于创作书籍中的图片，使图像和图标更容易看到（见下图）。由于读者计算机上的颜色设置可能与本书使用的颜色设置不同，因此在屏幕上看到的图像可能与本书中的图像不完全匹配。

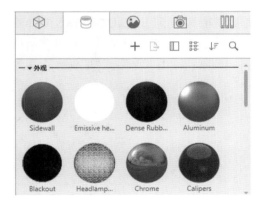

更多 SOLIDWORKS 培训资源

my.solidworks.com 提供了更多的 SOLIDWORKS 内容和服务，用户可以在任何时间、任何地点，使用任何设备查看。用户也可以访问 my.solidworks.com/training，按照自己的计划和节奏来学习，以提高使用 SOLIDWORKS 的技能。

用户组网络

SOLIDWORKS 用户组网络（SWUGN）有很多功能。通过访问 swugn.org，用户可以参加当地的会议，了解 SOLIDWORKS 相关工程技术主题的演讲以及更多的 SOLIDWORKS 产品，或者与其他用户通过网络进行交流。

SOLIDWORKS Visualize 简介

SOLIDWORKS Visualize 是一种光线跟踪渲染程序，以前称为 Bunkspeed。它是一个独立的产品，这意味着运行 SOLIDWORKS Visualize 并不需要 SOLIDWORKS。SOLIDWORKS Visualize 有两个产品包：SOLIDWORKS Visualize Standard 和 SOLIDWORKS Visualize Professional。除独立产品外，SOLIDWORKS Visualize 套件还包括 SOLIDWORKS Visualize Boost 和 SOLIDWORKS Visualize 插件。

标准版与专业版对比

SOLIDWORKS Visualize Standard（标准版）产品包用于获取 3D 数据的照片质量图像。SOLIDWORKS Visualize Professional（专业版）产品包包含标准版产品包中的所有内容，以及相机过滤器、360 图像和高效工具等其他工具，以便更快地完成工作。

本书的第 1 章到第 4 章是使用 SOLIDWORKS Visualize Standard 完成的，而第 5 章到第 11 章则是使用 SOLIDWORKS Visualize Professional 完成的。但在为所有章节创建屏幕截图时使用了 SOLIDWORKS Visualize Professional。因此，使用 SOLIDWORKS Visualize Standard 的用户需要注意一些用户界面的差异。

SOLIDWORKS Visualize Boost

SOLIDWORKS Visualize Professional 中附带 SOLIDWORKS Visualize Boost。它是一个单独的程序，用来在与计算机联网的机器上运行 SOLIDWORKS Visualize。激活 SOLIDWORKS Visualize Boost 时，计算的工作量将推送到运行 SOLIDWORKS Visualize Boost 的计算机上，从而释放运行 SOLIDWORKS Visualize 的计算机资源。

SOLIDWORKS Visualize 插件

SOLIDWORKS Visualize 插件程序与两个版本的独立产品对应。其允许将 SOLIDWORKS 几何图形、外观、光源和贴图直接导出到 SOLIDWORKS Visualize 中。使用 SOLIDWORKS Professional，用户还可以导出运动算例（SOLIDWORKS 插件是在 SOLIDWORKS 中运行的应用程序）。

目　　录

X

第1章 CAD 到 SOLIDWORKS Visualize

学习目标
- 了解将 CAD 数据导入 SOLIDWORKS Visualize 的基础知识
- 学习 SOLIDWORKS Visualize 用户界面
- 在 SOLIDWORKS Visualize 中应用和编辑外观
- 将布景应用于环境
- 渲染项目

1.1 从 CAD 渲染

SOLIDWORKS Visualize 是一种功能强大的工具，用于渲染 CAD 数据以生成照片级的逼真图像。但 CAD 数据必须首先在 CAD 程序（如 SOLIDWORKS）中创建，然后才能导入 SOLID-WORKS Visualize。

1.1.1 项目说明

本章将重点介绍将 SOLIDWORKS 中的 CAD 数据导入 SOLIDWORKS Visualize 的过程。下面将在 SOLIDWORKS 中打开"JIG SAW ASSEMBLY_&"装配体，并将外观应用到装配体中的零部件上，然后将装配体导入 SOLIDWORKS Visualize 中，并在其中创建渲染。

1.1.2 设计流程

主要操作步骤如下：

1. **打开装配体** 在 SOLIDWORKS 中打开现有的装配体文件。
2. **更改颜色** 在 SOLIDWORKS 中编辑某些零部件的外观。
3. **导入 SOLIDWORKS Visualize** 使用 SOLIDWORKS 文件创建 SOLID-WORKS Visualize 项目。
4. **编辑外观** 编辑某些零部件的外观。
5. **应用布景** 为灯光和背景应用布景。
6. **渲染** 将该项目渲染为 JPEG 文件。

扫码看视频

操作步骤

　　步骤 1　在 SOLIDWORKS 中打开装配体　从 Lesson01\Case Study 文件夹内打开"JIG SAW ASSEMBLY_&"装配体。

提示

> 装配体中的一个零部件没有分配外观，如图 1-1 所示。

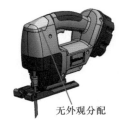
无外观分配

图 1-1　打开装配体

2

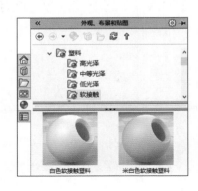 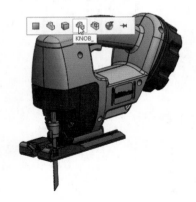

步骤 2 应用外观 单击【外观】●/【塑料】/【软接触】，并将【白色软接触塑料】外观拖放到零部件上，并指定无外观的零件。确保外观应用于零件，如图 1-2 所示。

图 1-2 应用外观

步骤 3 保存并关闭 保存并关闭 SOLIDWORKS。

1.2 导入 SOLIDWORKS Visualize

SOLIDWORKS Visualize 是一个独立的产品，能够导入各种 CAD 数据。除了能够导入由 CAD 程序创建的几何图形外，如果存在外观、动画、相机、布景和贴图等信息，也可以直接被导入其中。

1.2.1 打开

通过【打开】命令将文件导入 SOLIDWORKS Visualize。打开文件后，【导入设置】窗口用于指定要导入的 CAD 文件的零部件，如图 1-3 所示。

图 1-3 【导入设置】窗口

知识卡片	打开	● 从 SOLIDWORKS Visualize 的开始界面：单击【打开项目】。
		● 下拉菜单：单击【文件】/【打开】。
		● 将 CAD 文件拖放到 SOLIDWORKS Visualize 的开始界面内。

步骤 4　在 SOLIDWORKS Visualize 中打开装配体　打开 SOLIDWORKS Visualize 程序，单击【打开】，设置文件类型为【SOLIDWORKS Assembly（ *. sldasm ）】，从 Lesson01\ Case Study 文件夹内选择 "JIG SAW ASSEMBLY_&" 文件，单击【打开】，如图 1-4 所示。

图 1-4　在 SOLIDWORKS Visualize 中打开装配体

步骤 5　导入设置　【导入设置】窗口打开，保持【零件分组】设置为【自动】，确保勾选【监控文件】和【捕捉到地板】复选框。仅几何图形和外观是要导入 SOLIDWORKS Visualize 的，因此不勾选【动画】、【相机】、【布景】和【贴图】复选框，如图 1-5 所示。单击【确定】。

图 1-5　导入设置

 提示　　　　【零件分组】和【监控文件】设置将在 "第 2 章　导入设置和外观" 中进一步详细讲解。

1.2.2　SOLIDWORKS Visualize 用户界面

SOLIDWORKS Visualize 用户界面可分为五部分：工具栏、调色板、视窗、前导显示和下拉菜单，如图 1-6 所示。

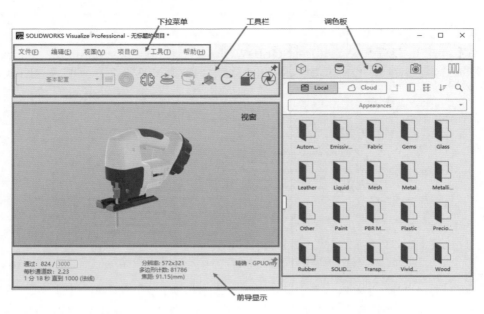

图 1-6　SOLIDWORKS Visualize 用户界面

1. 工具栏　工具栏用于控制配置选项、渲染器选择选项、降噪器、转盘、选择工具、对象操作工具、相机方向工具和输出工具，如图 1-7 所示。其主要功能将在后续的章节中深入介绍。

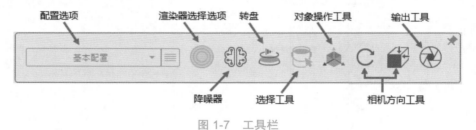

图 1-7　工具栏

2. 视窗　视窗是主要的工作区域，可以控制模型的定位和操作方式。视窗中显示的内容正是创建输出时生成的内容。在视窗内操纵模型视图也会操纵相机。可通过缩放、平移和旋转模型来更改模型视图。缩放、平移和旋转的操作说明见表 1-1。

表 1-1　缩放、平移和旋转的操作说明

命令	说明
缩放	通过选择【缩放】相机操作器，在视窗上按住鼠标左键并向上或向下移动，可以执行放大或缩小模型的操作。或者通过向上或向下滚动鼠标中键来执行缩放
平移	通过选择【平移】相机操作器，在视窗上按住鼠标左键并移动鼠标，可以执行向模型平移或移出模型的操作。或者通过按住 <Ctrl> 键，再按住鼠标中键并移动光标来执行平移操作
旋转	通过选择【旋转】相机操作器，在视窗上按住鼠标左键并移动鼠标，可以执行旋转模型的操作。或者通过在视窗内按住鼠标中键，并移动光标来执行旋转操作

3. 调色板　调色板是对模型进行调整的区域。调色板由五个选项卡组成，包括【模型】选项卡、【外观】选项卡、【布景】选项卡、【相机】选项卡和【文件库】选项卡，如图 1-8 所示。本章将讲解【外观】【布景】和【文件库】选项卡，【模型】和【相机】选项卡将在后续章节中讲解。

图 1-8　调色板

4. 前导显示　在前导显示中可以快速访问有关视窗渲染的信息，如图 1-9 所示。

图 1-9　前导显示

5. 下拉菜单　读者可以从界面顶部的下拉菜单中访问更多对 SOLIDWORKS Visualize 可用的命令。

1.3　渲染器选择

SOLIDWORKS Visualize 有三种渲染模式，包括预览、快和精确，可以通过工具栏进行访问。

● 【预览】 ⬡ 模式可实现高性能、交互式、无噪声的渲染，适合在初始设置渲染或创建动画时使用。此渲染模式提供最不真实的照片效果。

● 【快】 ⬡ 模式可实现视觉上精确的射线跟踪，以实现快速的品质渲染。此渲染模式是预览模式和精确模式之间的中间模式。

● 【精确】 ⬡ 模式可实现科学准确的路径追踪，实现最精确的渲染。它将无限渲染并产生最高品质的照片结果。完全封闭的内部空间和具有复杂光线行为的布景最好在精确模式下查看。此模式提供最逼真的照片效果。

1.4　降噪器

降噪器用于在快和精确模式下提高渲染质量。它使用人工智能来过滤噪声，否则会使渲染看起来模糊。降噪器可以在工具栏中访问，以用于在视窗中渲染，或在输出工具中创建最终渲染。

1.4.1　降噪器所需的硬件

降噪器仅适用于支持的图形显卡和驱动程序。要使用降噪器，必须具备以下硬件：

● 支持 CUDA 9.0 的 NVIDIA 显卡（Kepler 架构或更新版本）。

● 至少 4 GB 的显卡内存。

用户必须在使用前激活降噪器。

1.4.2　激活降噪器

	降噪器	● 下拉菜单：单击【工具】/【选项】/【3D 视窗】/【降噪器】，勾选【初始化降噪器】和【在主工具栏中显示按钮】复选框。

1.5　简单模式

简单模式是一种可替代的、简约的用户界面，为新用户提供了一种简单操作，以进行导入、应用涂料、应用布景、添加相机和渲染模型，而无须掌握复杂的传统用户界面。简单模式如图 1-10 所示。

图 1-10　简单模式

知识卡片	简单模式	● 键盘：按空格键。 ● 下拉菜单：单击【视图】/【切换简单模式】。

步骤 6　**更改渲染器选择**　在【渲染器选择】内单击【快】，并选择【速度】作为交互性加速模式，如图 1-11 所示。结果如图 1-12 所示。

图 1-11　更改渲染器选择

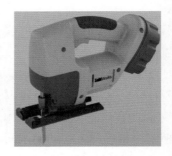

图 1-12　渲染结果

> **提示**　可以通过单击【工具】/【选项】/【3D 视窗】/【最大分辨率】来调整视窗的大小。

1.6　外观

【外观】用于将颜色和纹理应用于项目中的零部件。外观可以直接导入到 SOLIDWORKS Visualize 中，也可以通过在【文件库】中使用拖放功能来应用外观。应用外观后，读者可以通过调色板上的【外观】选项卡进行编辑。

知识卡片	外观	● 调色板:【外观】。

1.7　文件库

【文件库】用于存储预定义的模型、项目、外观、相机和布景。文件库的某些项目是与 SOLIDWORKS Visualize 一起预定义的。如果存在有效订阅，则可以从云库下载其他项目。

知识卡片	文件库	● 调色板：【文件库】▯▯▯。

步骤 7 应用新的外观 单击【文件库】▯▯▯选项卡，在【Local】▤内浏览到【Appearances】，单击【Plastic】，如图 1-13 所示。拖动【Basic Blue Dark Plastic】到如图 1-14 所示的零部件上。

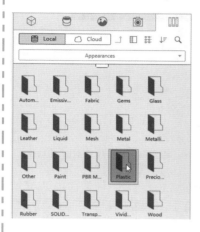

图 1-13 使用文件库

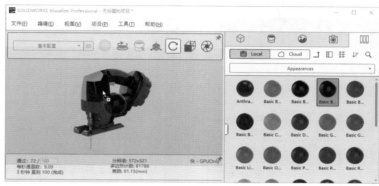

图 1-14 应用新的外观

步骤 8 为其他零件应用外观 单击【外观】▤选项卡，现在【Basic Blue Dark Plastic】外观已经出现在【外观】内，如图 1-15 所示。从【外观】中拖动【Basic Blue Dark Plastic】外观到另外两个白色零件上，效果如图 1-16 所示。

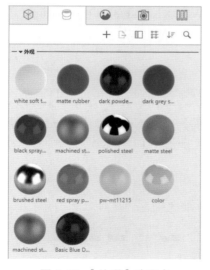

图 1-15 【外观】选项卡

图 1-16 为其他零件应用外观

步骤 9 编辑外观 单击【Basic Blue Dark Plastic】外观，【外观编辑器】打开。单击【常规】，再单击【颜色】，【颜色编辑器】打开。使用【颜色编辑器】，找到适合曲线锯盖子的颜色，如图 1-17 所示。在视窗中单击以接受颜色并关闭【颜色编辑器】。

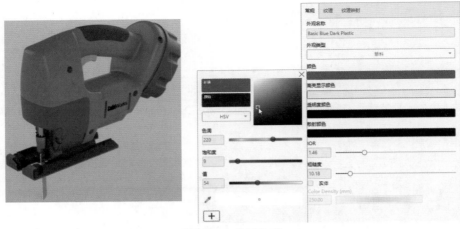

图 1-17　编辑外观

　此步仅在【外观】选项卡中编辑了颜色，文件库中的【Basic Blue Dark Plastic】不受此处编辑的影响。

步骤 10　精确渲染器选择　更改【渲染器选择】为【精确】。切换【降噪器】至打开状态。

1.8　布景

　　【布景】用于将环境、背板和光源应用于项目。环境是围绕项目的 HDR 图像，并影响光线如何照射模型。背板是保留在模型后面的图像，不会影响光线如何照射模型。光源是项目中的光照源，用于从指定位置照亮模型。只能使用 SOLIDWORKS Visualize Professional 创建光源。

　　布景　● 调色板：【布景】。

　　步骤 11　应用 Warehouse 布景　单击【文件库】选项卡，在【Local】内浏览到【Environments】，拖动【Warehouse】环境到视窗内，如图 1-18 所示。

图 1-18　应用 Warehouse 布景

> 步骤 12　查看【布景】　单击【布景】⚙选项卡，查看可用于编辑【Warehouse】环境的选项。
>
> 步骤 13　保存项目　单击【文件】/【保存】，将项目命名为"Jig Saw"并保存到 Lesson01\Case Study 文件夹内。

1.9　渲染

模型设置完毕后，就可以执行最终渲染。在 SOLIDWORKS Visualize 中是使用射线跟踪技术执行渲染的。在射线跟踪中，射线通过平面从相机跟踪到模型。通过平面观察到的颜色成为最终输出。这种渲染方法与光的实际工作方式相反，但能够创建逼真的照片渲染（在物理世界中，光线是作为射线传播到相机中的）。

在【输出工具】窗口中定义了最终渲染的基本参数，如渲染图像的文件名、输出文件夹、图像格式及分辨率等。

【渲染设置】部分定义了渲染的执行方式。【渲染通道】部分用于定义射线通过模型发送的次数（更多数量的渲染通道将捕获更准确的漫射光线），仅适用于【渲染模式】/【质量】。【渲染模式】也可以设置为【时间限制】，以限制渲染图像所需的时间。

知识卡片	输出工具	● 工具栏：【输出工具】📷。 ● 下拉菜单：单击【工具】/【渲染】。

> 步骤 14　定位模型　使用【缩放】🔍、【平移】✛和【旋转】↻命令定位模型，如图 1-19 所示。
>
>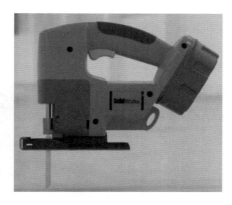
>
> 图 1-19　定位模型
>
> 步骤 15　渲染　从工具栏中单击【输出工具】📷，【输出工具】窗口打开。在【文件名】内将创建图像的名称。单击【输出文件夹】，将项目保存到 Lesson01\Case Study 文件夹内。单击【大小】内的第一个框，输入"1920"。单击【渲染通道】并输入"400"，勾选【启用降噪器】复选框。其他设置保持为默认值，单击【启动渲染】，如图 1-20 所示。渲染大约需要 2min 才能完成，结果如图 1-21 所示。

10

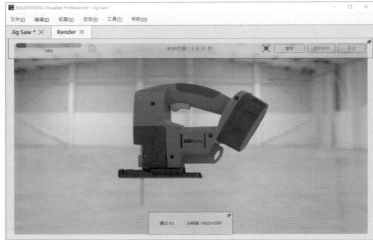

图 1-20　设置渲染　　　　　　　　　　　图 1-21　渲染结果

 提示　可以在执行渲染时关闭 SOLIDWORKS Visualize，或者可以在任何时候使用【立即保存】命令在达到指定的通道之前保存渲染的图像。

步骤 16　打开图像　打开渲染生成的图像，如图 1-22 所示。

图 1-22　打开图像

步骤 17　保存并关闭文件

练习 1-1　冷却器

在本练习中，将创建一个轮式冷却器的渲染，并在其中应用外观、添加布景、定位模型和进行合适的渲染设置，如图 1-23 所示。

本练习将应用以下技术：

- 渲染器选择。
- 外观。
- 文件库。
- 布景。
- 渲染。

图 1-23　轮式冷却器的渲染

项目说明：已经在 SOLIDWORKS 中创建了一个轮式冷却器模型，但在制造开始之前，一些相关者希望了解最终产品的外观。本练习的任务是为轮式冷却器选择颜色并创建渲染图像，以便将设计出售给决策者。

操作步骤

步骤 1　打开文件　从 Lesson01\ Exercises 文件夹内打开 "Cooler_Start" 文件。单击【预览】⚪模式，该模型尚未应用任何外观，如图 1-24 所示。

步骤 2　应用外观　单击【文件库】▥▥选项卡，在【Local】🗄内浏览到【Appearances】，将合适的外观应用于模型，如图 1-25 所示。

图 1-24　打开文件

图 1-25　应用外观

提示　　使用【旋转】⟲命令从各个方向查看模型，确保所有零部件都应用了外观。

步骤 3　应用布景　单击【文件库】▥▥选项卡，在【Local】🗄内浏览到【Environments】，拖动【Route 66】环境到视窗内，如图 1-26 所示。

图 1-26　应用布景

12

> 提示 👉 读者的布景可能与图 1-26 中显示的图像略有不同。

步骤4　编辑布景　单击【布景】⚫选项卡，在调色板中单击【常规】选项卡。单击【明暗度】并输入"3.75"。单击【高级】选项卡，勾选【平展地板】复选框，如图 1-27 所示。

图 1-27　编辑布景

> 提示 👉 布景将在"第 5 章　背板、环境和光源"中进一步详细讲解。

步骤5　定位模型　使用【缩放】↕⌕、【平移】✛和【旋转】C命令定位模型，将其调整至合适位置和大小。

步骤6　渲染模型　单击【输出工具】⊘，创建最终渲染，结果如图 1-28 所示。

图 1-28　渲染模型

> 提示 👉 可能需要进行一些尝试才能在合理的时间内获得良好的渲染效果。

步骤7　保存并关闭文件

练习 1-2　太阳镜

在本练习中，将渲染一副太阳镜。
本练习将应用以下技术：
- 渲染器选择。
- 外观。
- 文件库。
- 布景。
- 渲染。

项目说明：本练习的任务是应用外观、布景，并为一副太阳镜创建最终渲染。

操作步骤

　　步骤 1　打开文件　从 Lesson01\ Exercises 文件夹内打开"SunGlasses"文件，如图 1-29 所示。

　　步骤 2　最终结果　使用在本章中学到的技能在创建最终渲染之前应用【外观】和【布景】，最终结果如图 1-30 所示。

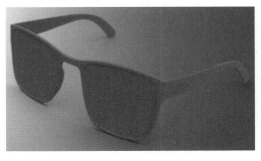

图 1-29　打开文件　　　　　　　　　　　图 1-30　最终结果

步骤 3　保存并关闭文件

第2章　导入设置和外观

- 了解导入设置如何影响模型
- 使用选择工具和对象操作工具移动零部件
- 了解零件在模型中的分组方式
- 使用【分割】命令分割零件
- 了解如何将纹理应用于外观
- 使用复制和粘贴功能快速应用新外观

2.1　导入设置

有几种方法可以导入 CAD 数据。导入选项会影响项目的结构，以及在对 CAD 数据进行更改时决定项目是否可以反映更新。

扫码看视频

2.2　外观

能够正确地将纹理、颜色和透明度应用于零部件是创建照片级逼真渲染的关键步骤。这些参数可以通过外观来编辑。

2.2.1　项目说明

本章将首先讲解从 SOLIDWORKS 导入文件到 SOLIDWORKS Visualize 的过程，并讲解两种导入方法以显示每种方法的优点，最终选择其中一种。

此外，本章还将讲解项目的结构和组织，然后使用更改项目结构的工具来分割和统一零件，使用应用外观和纹理的工具更改颜色并将纹理外观应用于某些零部件。

2.2.2　设计流程

主要操作步骤如下：

1. **导入设置**　使用外观导入选项将 SOLIDWORKS 装配体导入 SOLIDWORKS Visualize 中。该项目不会在 SOLIDWORKS Visualize 中更新。关闭文件，使用自动导入选项将装配体再次导入 SOLIDWORKS Visualize 中。

2. **了解零件的结构和组织**　学习 SOLIDWORKS Visualize 中零件的结构和组织，并讲解和演示相关工具，例如分割和创建新组。

3. **应用外观**　将几种外观应用于模型的各个零部件。将拉丝金属纹理外观应用于一个零部件，将凹凸纹理外观应用于另一个零部件，然后讲解外观类型。

操作步骤

　　步骤 1　在 SOLIDWORKS 中打开装配体　从 Lesson02\Case Study 文件夹内打开 "Lighter" 装配体，如图 2-1 所示。

　　步骤 2　爆炸装配体　激活 "ExplView1" 配置，如图 2-2 所示。

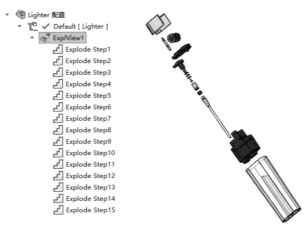

图 2-1　打开装配体　　　　　　　　　　　图 2-2　爆炸装配体

　　步骤 3　保存装配体　单击【保存】。

　　步骤 4　保存文件并在 SOLIDWORKS Visualize 中打开　不关闭 SOLIDWORKS，打开 SOLIDWORKS Visualize，将 "Lighter" 装配体从 Windows 资源管理器内拖放到 SOLIDWORKS Visualize 中。

2.3　零件分组

　　SOLIDWORKS Visualize 能够从许多 CAD 文件中导入 CAD 数据。同样，有几种可用的导入选项（并非所有选项都必须与 SOLIDWORKS CAD 数据一起使用），这些选项会影响项目的结构和层次，也会影响项目中外观的应用方式。有关结构和组织的更多信息，请参考 "2.4　结构和组织"。

　　1. **自动**　此选项将会在导入过程中尝试找到最佳组合：图层 / 外观、外观 / 图层、图层和外观（这些组合将在下面讨论）。

　　2. **平展**　此选项会将所有内容导入到单个组，在解决问题时会经常使用此选项。

　　3. **组 / 外观**　此选项通常与 Autodesk Alias 中的 wire 文件一起使用。这将保留 wire 文件中的组层次结构，根据外观和颜色将项目细分或分组。

　　4. **图层**　此选项将根据 CAD 文件中指定的图层组织文件。

　　5. **外观**　此选项将根据 CAD 文件中指定的外观导入，导入时将忽略所有组和图层。

　　6. **外观 / 图层**　此选项将首先按外观组织文件，然后按图层组织文件（顺序很重要）。

　　7. **保留结构**　此选项将保留装配体的层次结构，如在 CAD 文件中一样。

　　8. **监控文件**　此选项允许 SOLIDWORKS Visualize 监控 CAD 文件。如果对 CAD 文件进行了更改（如更改零件外观或几何图形），SOLIDWORKS Visualize 将更新项目以反映更改。该选项并不适用于所有的【零件分组】选项。

9. 捕捉到地板　此选项将使模型的最低点到达环境的底部。

知识卡片	零件分组	● 在导入模型时：【导入设置】/【几何图形】/【零件分组】。

提示 可以将多个模型导入到一个 SOLIDWORKS Visualize 项目中。

16

步骤 5　设置外观零件分组　【导入设置】窗口打开，确保勾选【几何图形】和【外观】复选框，而不勾选其他参数。在【零件分组】内，选择【外观】，并勾选【捕捉到地板】复选框，如图 2-3 所示。单击【确定】。

图 2-3　设置外观零件分组

提示 【监控文件】复选框在【零件分组】为【外观】时不可用。

步骤 6　预览渲染器选择　单击【预览】●模式，结果如图 2-4 所示。

图 2-4　【预览】模式

提示 【预览】是最快的渲染模式。

2.4　结构和组织

在 SOLIDWORKS Visualize 中，零部件在分层系统中进行组织。零件组织成组，组再组织成模型，如图 2-5 所示。初始组织在导入过程中自动执行，但之后用户可以编辑零部件的结构。

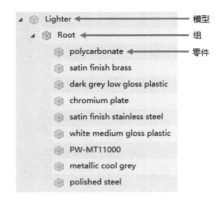

图 2-5　结构和组织

2.5　选择工具

SOLIDWORKS Visualize 中提供了多种选择工具，可以从视窗或调色板的【模型】选项卡中进行选择，如图 2-6 所示。

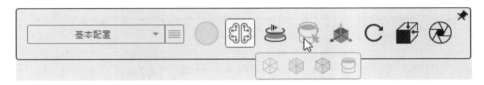

图 2-6　选择工具

从视窗中进行选择时，必须使用正确的选择工具。有四种选择工具可供选择，见表 2-1。

表 2-1　选择工具的类型

选择工具的类型	说明
模型	【模型】选择工具可用于选择一个或多个模型
组	【组】选择工具可用于选择一个或多个组
零件	【零件】选择工具可用于选择一个或多个零件
外观	【外观】选择工具可用于选择外观，该工具与其他选择工具不同

> **知识卡片**　**选择工具**
> ● 工具栏：【选择工具】。
> ● 调色板：单击【模型】选项卡，从模型树中选择一个零部件。
> ● 快捷键：<Ctrl+Shift+A>。

2.6　对象操作工具

将模型导入 SOLIDWORKS Visualize 后，可以通过【移动】、【缩放】或【枢轴】命令控制模型零部件的大小和方向，如图 2-7 所示。

图 2-7　对象操作工具

有三种对象操作工具可供选择，见表 2-2。

表 2-2　对象操作工具的类型

对象操作工具的类型	说明
移动	【移动】命令用于更改零部件的位置，可以平移和旋转
缩放	【缩放】命令用于更改零部件的大小，也可以定向缩放零部件
枢轴	【枢轴】命令用于更改零部件旋转的旋转轴位置

知识卡片　对象操作工具

● 工具栏：【对象操作工具】。
● 调色板：选择一个零部件，【对象操作工具】在【模型】 选项卡内激活。

步骤 7　旋转模型　单击【模型】 选项卡，选择 "Lighter"。单击【转换】选项卡，在【旋转 XYZ】的第一个框中输入 "270"，如图 2-8 所示。

步骤 8　为手柄应用外观　单击【文件库】 选项卡，在【Local】 内浏览到【Appearances】，单击【Plastic】，拖动【Basic Red Light Plastic】到手柄上，如图 2-9 所示。请注意吸管如何改变颜色。

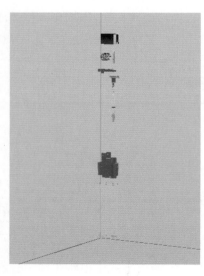

图 2-8　旋转模型

图 2-9　为手柄应用外观

2.7　分割

零件通常由几个表面组成。将外观应用于零件时，其所有表面都会受到影响。如果零件需要有两种不同的外观，则其表面必须被分开。这可以通过【分割】命令来实现。

知识卡片	分割零件	● 下拉菜单：单击【工具】/【分割零件】。

步骤 9　分割零件　单击【分割零件】，选择打火机的吸管。将【面角度公差】的滑块控件移动到右侧，直到整个吸管被细分，如图 2-10 所示。单击【执行分割】。

步骤 10　查看新零件　单击【模型】⬡选项卡，可以看到分割后创建了两个新零件，如图 2-11 所示。

图 2-10　分割零件

图 2-11　查看新零件

步骤 11　应用新外观　单击【文件库】▥▥选项卡，在【Local】🗄内浏览到【Appearances】，单击【Plastic】，拖动【Basic Cream Plastic】到吸管上，如图 2-12 所示。

步骤 12　在 SOLIDWORKS 中解除爆炸　切换到 SOLIDWORKS，将爆炸的视图解除爆炸，如图 2-13 所示。单击【保存】。

图 2-12　应用新外观

图 2-13　在 SOLIDWORKS 中解除爆炸

步骤 13　切换回 SOLIDWORKS Visualize　在 SOLIDWORKS 中对模型所做的更改不会在 SOLIDWORKS Visualize 中更新。

步骤 14　保存并关闭 Visualize 项目　单击【保存】，将项目命名为"Appearances"。单击【文件】/【闭合】以关闭项目而不退出 SOLIDWORKS Visualize。

● **SOLIDWORKS Visualize 插件**　从 SOLIDWORKS 导出项目时，SOLIDWORKS Visualize 插件可用于将 SOLIDWORKS 特征直接导入 SOLIDWORKS Visualize 中。SOLIDWORKS Visualize 插件提供了四个命令，如图 2-14 所示。

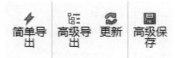

图 2-14　SOLIDWORKS Visualize 插件命令

1）简单导出。此选项将保存活动模型的副本，并使用【外观】模式的零件分组将其加载到 SOLIDWORKS Visualize 中。

2）高级导出。此选项将保存活动模型的副本，将其加载到 SOLIDWORKS Visualize 中，并使用【自动】模式的零件分组和勾选【监控文件】复选框。如果安装了 SOLIDWORKS Visualize Professional，其还允许上传运动算例。

3）更新。此选项将导出最新版本的活动模型，并在 SOLIDWORKS Visualize 中触发更新。在使用【高级导出】命令导出项目并对模型进行更改之前，此选项显示为灰色。

4）高级保存。此选项可以将模型和关联运动算例的副本保存到指定位置，以后可以将其导入 SOLIDWORKS Visualize 中。

步骤 15　创建新项目　再次将"Lighter"装配体从 Windows 资源管理器拖到 SOLIDWORKS Visualize 中，以创建一个新项目。

步骤 16　自动零件分组　在【零件分组】内，选择【自动】，并勾选【监控文件】复选框，如图 2-15 所示。【监控文件】选项将保持与 SOLIDWORKS 装配体的链接，确保如果对原始模型进行了更改，SOLIDWORKS Visualize 项目将反映这些更改。单击【确定】。

图 2-15　自动零件分组

提示 　创建新项目时，【导入设置】将默认设置为先前指定的设置。

步骤 17　解除爆炸状态　"Lighter" 以解除爆炸状态导入 SOLIDWORKS Visualize 中，如图 2-16 所示。

步骤 18　爆炸装配体　切换到 SOLIDWORKS，激活爆炸视图，单击【保存】。

步骤 19　切换到 SOLIDWORKS Visualize　切换到 SOLIDWORKS Visualize，出现信息："此项目的以下原始源数据已被修改：-Lighter.SLDASM，是否要重新导入？" 单击【是】，文件更新为爆炸视图。

步骤 20　旋转模型　按照步骤 7 中的操作旋转模型。

步骤 21　为吸管应用外观　单击【文件库】选项卡，在【Local】内浏览到【Appearances】，单击【Plastic】，拖动【Basic Cream Plastic】到吸管上，如图 2-17 所示。

图 2-16　解除爆炸状态　　　　　　　　　　图 2-17　为吸管应用外观

提示　吸管颜色的更改并不会影响手柄。

21

2.8   复制和粘贴

在 SOLIDWORKS Visualize 中设置外观时，使用复制和粘贴功能可以节省时间，特别是当存在较多零件时。

知识卡片	复制	● 快捷键:【外观】 ⬡ 选择工具处于激活状态时，按住 <Shift> 键，单击零件。
	粘贴	● 快捷键:【外观】 ⬡ 选择工具处于激活状态时，按住 <Shift> 键，右键单击零件。

步骤 22   复制和粘贴外观   按住 <Shift> 键，单击吸管零件，以复制【Basic Cream Plastic】外观。按住 <Shift> 键，右键单击图 2-18 所示的四个零部件以粘贴外观。

图 2-18   复制和粘贴外观

2.9   外观类型

每个外观都有一种外观类型，它定义了材料的基本外观以及可用的常规外观参数。

1. **各向异性**   此外观类型用于表示具有定向纹理的材料，例如拉丝金属。
2. **向后散射**   此外观类型用于表示诸如织物之类的材料。
3. **发射**   当必须从外观生成光源时使用此外观类型。
4. **平展**   此外观类型会忽略光源和阴影的影响，使外观保持恒定的颜色。
5. **通用**   此外观类型是最多样化的，它包含所有外观参数的输入。
6. **玻璃**   此外观类型适用于厚玻璃或薄玻璃。
7. **宝石**   此外观类型类似于玻璃，但参数经过优化，看起来像宝石。
8. **无光泽**   此外观类型最适合用于表示平面涂料外观。
9. **金属**   此外观类型用于表示具有均匀金属外观的材料。

10. **金属涂料**　此外观类型用于表示高光彩、高光泽的涂料，例如汽车上可见的涂料。
11. **多层**　此外观类型可用于组合多个外观，并彼此堆叠。
12. **涂料**　此外观类型用于表示非金属涂料。
13. **塑料**　此外观类型用于表示塑料。
14. **子曲面**　此外观类型用于表示牛奶、牙齿和石头等物品。
15. **薄膜**　此外观类型用于表示诸如肥皂泡和具有彩虹色失真的浮油之类的物体。

2.10　纹理

将纹理添加到外观可以为渲染增加真实感。有四种纹理可以应用于外观:【凹凸】【散射透明度（α）】【光泽度】和【颜色】。在某些情况下，这些纹理也可以组合在一起，以创造更丰富的外观。通过指定表示纹理的图像来应用纹理，然后通过纹理映射将该图像施加到零部件的表面上。库中的某些外观会自动定义纹理。

1. **凹凸**　【凹凸】纹理用于表示表面上小的重复（通常是不规则的）几何凹痕和凸起，如图 2-19 所示。

2. **散射透明度（α）**　【散射透明度（α）】纹理用于表示孔、切口或外观缺失，如图 2-20 所示。

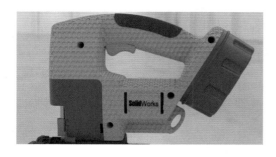
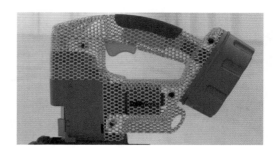

图 2-19　【凹凸】纹理　　　　　　　　　　图 2-20　【散射透明度（α）】纹理

3. **光泽度**　【光泽度】纹理用于定义模型上具有反射变化（光泽度变化）的位置，如图 2-21 所示。

4. **颜色**　【颜色】纹理用于定义应用的基本颜色的变化，如图 2-22 所示。

图 2-21　【光泽度】纹理　　　　　　　　　　图 2-22　【颜色】纹理

知识卡片	纹理	● 调色板：选择一种外观后，单击【纹理】选项卡。

24

步骤 23　应用拉丝外观　单击【文件库】⊞选项卡，在【Local】🗄内浏览到【Appearances】，单击【Metal】，拖动【Brushed Aluminum 2】到防护罩上，如图 2-23 所示。请注意纹理如何映射到防护罩上。

竖直

水平

图 2-23　应用拉丝外观

提示　拉丝（Brushed）外观，如拉丝铝（Brushed Aluminum）外观，具有各向异性的外观类型。如在"2.9 外观类型"中所述，外观类型决定了可用的常规外观参数。

步骤 24　更改纹理　单击【外观】🗄选项卡，选择【Brushed Aluminum 2】外观，单击【纹理】。采用【Brushed Aluminum 2】外观将自动应用【凹凸】纹理。单击【凹凸】，设置【凹凸强度】为"1.50"，如图 2-24 所示。拉丝外观现在变得更加明显。

图 2-24　更改纹理

2.11　纹理映射

【纹理映射】用于确定 2D 纹理如何投影到 3D 零部件上。正确地将纹理映射到零部件上取决于纹理的类型和零部件的形状。有以下几种纹理映射模式可用：

1. **UV**　如果从其他程序导入，此选项将保留任何 UV 纹理映射。
2. **框形**　此选项会将框中的纹理投影到零件上。这是纹理映射最常用的模式之一。
3. **平面**　此选项在单个方向上投影纹理。
4. **球形**　此选项会将球体中的纹理投影到对象上。
5. **径向**　此选项会将纹理以圆形平面投影到对象上。
6. **圆柱形**　此选项会将纹理以圆柱形投影到对象上。
7. **透视图**　此选项将采用与对象视图相关的方式投影纹理。

知识卡片	纹理映射	● 调色板：选择一种外观后，单击【纹理映射】选项卡。

步骤 25　更改纹理映射　单击【纹理映射】选项卡，在【模式】内选择【圆柱形】。单击【操作纹理】，圆柱形出现在零件上，以显示纹理的映射方式。在【旋转 XYZ】内单击第一个框并输入 "90.0000"，使用控制器将圆柱形放置在防护罩的中心，如图 2-25 所示。

图 2-25　更改纹理映射

提示　防护罩的侧面现在可以正确显示，但顶部看起来不正确。

步骤 26　分割顶面　单击【分割零件】，单击【面角度公差】并输入 "10"。选择防护罩的顶面，如图 2-26 所示。单击【执行分割】，然后单击【闭合】。

步骤 27　应用第二个拉丝外观　单击【文件库】选项卡，在【Local】内浏览到【Appearances】，单击【Metal】，拖动【Brushed Aluminum 2】到防护罩的顶面上。

图 2-26　分割顶面

26

步骤 28　应用径向纹理映射　从【外观】列表中选择第二个拉丝铝，单击【纹理映射】，在【模式】内选择【径向】。防护罩的顶部现在看起来具有更加逼真的拉丝外观，如图 2-27 所示。

步骤 29　为手柄应用外观　单击【文件库】▮▮▮选项卡，在【Local】🛢内浏览到【Appearances】，单击【Plastics】，拖动【Basic Red Light Plastic】到手柄上，如图 2-28 所示。

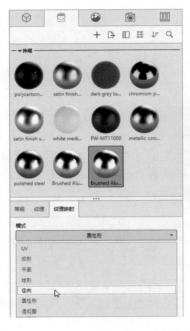

图 2-27　应用径向纹理映射　　　　　　图 2-28　为手柄应用外观

步骤 30　应用凹凸纹理　单击【外观】🛢选项卡，选择【Basic Red Light Plastic】外观。单击【纹理】，选择【凹凸】，【导入纹理】窗口出现，选择 "Cast Normal" 并单击【打开】。

步骤 31　调整纹理映射大小　单击【纹理映射】，在【缩放所有】内输入 "0.02"。

步骤 32　设置光泽度纹理　单击【纹理】，单击【光泽度】。选择 "Cast-Specular" 并单击【打开】。勾选【同步纹理】复选框，如图 2-29 所示。

提示　　　【同步纹理】选项用于覆盖【凹凸】和【光泽度】纹理。

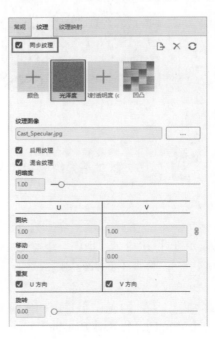

图 2-29　设置光泽度纹理

2.12　外观类型参数

每种外观类型都有一组参数，用户可以编辑这些参数以更改材料的外观。但并非所有参数都适用于每种外观类型。完整的参数见表 2-3。

表 2-3　外观类型参数

外观类型参数	说明
散射颜色	此参数用于设置零件处于散射白光时的外观颜色
光泽颜色	此参数用于设置镜面（反射）高光的颜色
透明度颜色	此参数用于定义光通过部分透明外观时获取的色调
散射	此参数用于定义通过部分透明外观的光线量
发射	此参数用于指定来自外观的光线量。灯泡具有发光性能
粗糙度	此参数用于控制光线从曲面反射的方式。低粗糙度将导致较少聚焦的反射
内部粗糙度	此参数用于控制光在材料中传播时的散射方式
IOR	IOR 代表折射率。此参数用于控制光线在透过透明材质时弯曲所需的角度
实体	此参数将在单面和双面属性之间切换
Color Density（颜色密度）	此参数用于控制双面曲面上的颜色密度

> **知识卡片**　**外观类型参数**
>
> ● 调色板：选择一种外观后，单击【常规】选项卡。

步骤 33　设置透明度和逼真的外观　单击【常规】选项卡，单击【透明度颜色】，并将其设置为浅粉色。单击【IOR】并输入"1.22"，单击【粗糙度】并输入"0.00"，勾选【实体】复选框，单击【Color Density（mm）】并输入"150.00"，如图 2-30 所示。结果如图 2-31 所示。

图 2-30　设置外观

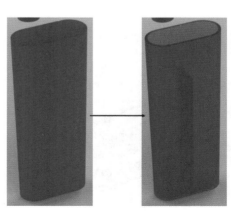

图 2-31　结果

步骤 34　为齿轮应用外观　单击【文件库】▒选项卡，在【Local】🗄内浏览到【Appearances】，单击【Metal】，拖动【Gunmetal】到一个齿轮上，如图 2-32 所示。齿轮由三个独立的零件组成，因此只有一个齿轮受到影响。下面将齿轮合并为一个部分。按 <Ctrl +Z> 键以撤销应用的【Gunmetal】外观，如图 2-33 所示。

图 2-32　为齿轮应用外观

图 2-33　撤销外观

2.13　合并零件

通常情况下，装配体中的一组零件总是具有相同的外观。【合并零件】命令可确保将外观应用于一个零件时，已合并的所有零件都采用此外观。

> 🗒 知识卡片　**合并零件**　● 调色板：使用【零件】⬡选择多个零件，单击【常规】/【合并零件】。

步骤 35　合并零件　单击【零件】⬡，按住 <Ctrl> 键并选择三个齿轮，如图 2-34 所示。单击【合并零件】，如图 2-35 所示。

图 2-34　多选零件

图 2-35　合并零件

步骤 36　为所有齿轮应用外观　单击【文件库】
▯▯▯选项卡，在【Local】🗄内浏览到【Appearances】。
单击【Metal】，将【Gunmetal】拖动到一个齿轮上。三
个齿轮都采用了【Gunmetal】外观，如图 2-36 所示。

步骤 37　保存并关闭文件

图 2-36　为所有齿轮应用外观

练习 2-1　SOLIDWORKS 插件

本练习将重点介绍如何使用 SOLIDWORKS Visualize 插件直接从 SOLIDWORKS 创建
SOLIDWORKS Visualize 项目。

本练习将应用以下技术：

- SOLIDWORKS Visualize 插件。
- 零件分组。

项目说明：在 SOLIDWORKS 中设计了一个冷却器，并已经应用了外观，且外观被正
确地分组，但用户可能想要在 SOLIDWORKS Visualize 中更换一些颜色。如果要将模型导
入 SOLIDWORKS Visualize，则需要使用【外观】中的【零件分组】选项。但这也可以通过
SOLIDWORKS 中的【简单导出】命令来实现。

操作步骤

步骤 1　在 SOLIDWORKS 中打开装配体　从 Lesson02\Exercises\Cooler Add-In 文件
夹内打开"SWPR-Rolling Cooler"装配体，如图 2-37 所示。

步骤 2　启用 SOLIDWORKS Visualize 插件　单击【工具】/【插件】，找到【SOLID-
WORKS Visualize】并勾选名称左侧的复选框，如图 2-38 所示。单击【确定】。

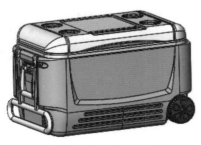

图 2-37　打开装配体

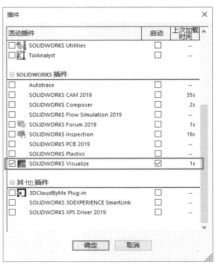

图 2-38　启用 SOLIDWORKS Visualize 插件

步骤 3   简单导出   在 CommandManager 中单击【SOLIDWORKS Visualize】，单击【简单导出】，如图 2-39 所示。SOLIDWORKS Visualize 打开。

步骤 4   应用新外观   在 SOLIDWORKS Visualize 中应用外观，如图 2-40 所示。

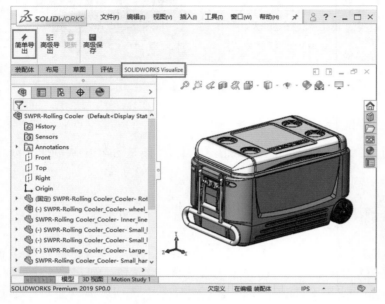

图 2-39   简单导出   图 2-40   应用新外观

步骤 5   保存并关闭文件   保存 SOLIDWORKS 文件和 SOLIDWORKS Visualize 文件并将其关闭。

练习 2-2   手动压力机

在本练习中，将渲染一个手动压力机，如图 2-41 所示。该手动压力机由几个零部件组成，这些零部件通过多种技术制造而成，包括铸造、车削、铣削和电镀等。了解有关如何制造零件的知识可以帮助用户创建更加逼真的渲染。

本练习将应用以下技术：
- 外观。
- 纹理。
- 纹理映射。
- 合并零件。

项目说明：该项目将首先打开已从 CAD 程序导入的手动压力机。将一些零部件合并在一起，以便轻松地将

图 2-41   手动压力机

外观应用于相似的零部件。在了解零件如何制造的知识后，应用纹理。分割命令也将用于为更复杂的零部件准确地应用映射纹理。

操作步骤

　　步骤 1　在 SOLIDWORKS Visualize 中打开文件　从 Lesson02\Exercises\Press 文件夹内打开"Arbor_Press"文件。

　　步骤 2　合并手柄零件　将构成手柄的三个零件合并在一起，如图 2-42 所示。

　　步骤 3　为手柄应用外观　为手柄应用【Chrome】外观，如图 2-43 所示。

图 2-42　合并手柄零件　　　　　　　　　　　　　图 2-43　为手柄应用外观

　　步骤 4　合并铸造零件　将四个铸造零件合并在一起，如图 2-44 所示。

　　步骤 5　应用纹理　将具有纹理的外观应用于铸造零件，使其看起来像是砂型铸造的，如图 2-45 所示。

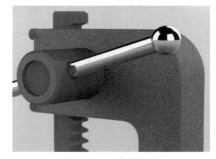

图 2-44　合并铸造零件　　　　　　　　　　　　　图 2-45　应用纹理

　　步骤 6　应用圆柱形拉丝　在压杆的头部应用圆柱形拉丝外观，使零件看起来像是在车床上制造的，如图 2-46 所示。

　　步骤 7　分割台面　使用【分割零件】命令拆分台面的顶部，如图 2-47 所示。

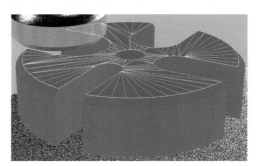

图 2-46　应用圆柱形拉丝　　　　　　　　　　　　图 2-47　分割台面

步骤 8　应用拉丝钢外观　在台面上应用拉丝外观。在指定拉丝外观的方向时应考虑如何制造该零件，结果如图 2-48 所示。

 提示　　台面的侧面具有圆柱形纹理映射，而顶面具有平面纹理映射。

图 2-48　应用拉丝钢外观

步骤 9　为模型的其余部分应用外观　将合适的外观应用于模型的其余部分。如果需要可使用分割命令和纹理映射，结果如图 2-49 所示。

步骤 10　添加环境　将【仓库】环境应用于布景。

步骤 11　创建最终渲染　创建最终渲染，结果如图 2-50 所示。

图 2-49　为模型的其余部分应用外观　　　　图 2-50　创建最终渲染

步骤 12　保存并关闭文件

32

第3章 贴 图

学习目标

- 在 SOLIDWORKS Visualize 中应用贴图
- 定位贴图
- 将外观应用于贴图
- 将贴图包覆在实体上

3.1 概述

可以将贴图添加到模型中以表示黏合剂、涂漆文本、收缩包装和模型的其他区域。在 SOLIDWORKS Visualize 中，贴图可以作为图像、视频或图像序列导入，并投影到曲面上。贴图可以被映射，就像纹理映射在曲面上一样（有多个选项可用于贴图映射）。在本章中，将通过两个示例来学习如何应用贴图。

3.1.1 项目说明

在本章将讲解两个示例。第一个示例是将贴图贴在指甲油瓶上。先定位贴图，然后在创建最终渲染之前将外观应用于贴图。

第二个示例将在圆柱形表面包覆贴图。重点专注于确定贴图尺寸，使其适合整个表面。

3.1.2 设计流程

主要操作步骤如下：

1. **添加贴图** 贴图是在 SOLIDWORKS Visualize 中应用于表面的图像。
2. **调整贴图的位置和颜色** 定位贴图，调整尺寸并应用外观。
3. **贴图映射** 贴图可以通过映射包覆在更复杂的表面上。

3.2 贴图特征

贴图是可以应用于 SOLIDWORKS Visualize 中模型表面的图像、视频或图像序列，用于表示显示器、贴纸或绘制的区域。添加贴图后，它将显示在调色板的【外观】🖾选项卡内，可以通过拖放功能进行应用。应用贴图后，可以使用标准的【移动】🔧、【缩放】🔧和【枢轴】🔧功能移动和缩放贴图。贴图放置在模型上后，可将外观应用于贴图。

知识卡片	贴图	● 调色板：在【外观】选项卡中单击【添加】➕/【新建贴图】。

操作步骤

步骤 1　打开文件　从 Lesson03\Case Study\Polish 文件夹内打开
"Nail-Polish-Bottle" 文件。此文件已经进行了部分设置。

步骤 2　添加贴图　单击【外观】🛢选项卡，单击【添加】➕/【新
建贴图】/【图像】，如图 3-1 所示。浏览到 Lesson03 \ Case Study \ Polish
文件夹，选择 "SOLIDWORKS_logo"，单击【打开】。

步骤 3　应用贴图　从【外观】🛢选项卡拖动贴图到指甲油瓶的玻璃上，如图 3-2 所示。

扫码看视频

图 3-1　添加贴图

图 3-2　应用贴图

✊提示　贴图的大小需要调整，用户操作的效果可能与图 3-3 中显示的大小不同。

步骤 4　调整贴图大小　在调色板中单击贴图，切换至
【映射】选项卡。为了等比例缩放贴图，需要确保【贴图宽
度】与【贴图高度】是【链接】🔗的。设置【贴图宽度】为
"0.0200"，【贴图高度】会相应地缩放，如图 3-4 所示。

图 3-3　贴图效果

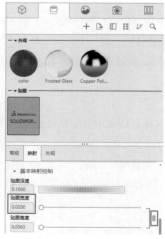

图 3-4　调整贴图大小

3.3 贴图深度

【贴图深度】参数用于定义贴图穿透表面的深度，如果贴图深度太大，其可能会投影到零件的不良表面。

步骤5 设置贴图深度 目前贴图在瓶子的两侧以及内侧表面上显示，如图3-5所示，这是因为贴图被投影得太深了。为了解决此问题，设置【贴图深度】为"0.0005"。贴图现在仅在前表面上显示。

步骤6 定位贴图 从调色板中选择贴图，单击【移动】 。使用控标定位贴图，如图3-6所示。

图 3-5 贴图的显示

图 3-6 定位贴图

步骤7 设置贴图颜色 单击【文件库】 ，在【Local】 内浏览到【Appearances】，单击【Metallic Paint】，将【White Metallic Paint】拖动到贴图上，如图3-7所示。

步骤8 渲染 单击【输出工具】 ，渲染瓶子的图像，如图3-8所示。

图 3-7 设置贴图颜色

图 3-8 渲染

步骤9 保存并关闭文件

3.4 贴图映射

通常，通过将2D图像投影到模型的表面上来应用贴图。但有几种方法可以将贴图映射到实体上。除了【平面】映射外，还可以使用【球形】【圆柱形】和【标签（UV）】映射模式，这些映射模式通常用于更复杂的表面。在下面的示例中，将使用【圆柱形】映射将标签包覆到唇膏容器上。

操作步骤

　　步骤 1　打开文件　从 Lesson03\Case Study\Balm 文件夹内打开 "Balm_setup" 文件。此文件已经进行了部分设置，如图 3-9 所示。

　　步骤 2　激活【预览】模式　单击【预览】●模式。

　　步骤 3　添加贴图　单击【外观】◖选项卡，单击【添加】╋/【新建贴图】/【图像】。浏览到 Lesson03 \ Case Study \ Balm 文件夹，选择 "Label"，单击【打开】。

　　步骤 4　应用贴图　将贴图拖放到唇膏容器的主体上，贴图的大小并不正确，如图 3-10 所示。

扫码看视频

图 3-9　打开文件

图 3-10　应用贴图

　　步骤 5　调整贴图大小　从调色板中单击贴图，贴图的属性列在【常规】选项卡内。为了按比例缩放贴图，请确保选中【链接】。设置【贴图宽度】为 "0.7"，【贴图高度】会相应地缩放。

　　步骤 6　定位贴图　按照上一个示例步骤 6 中的操作定位贴图，如图 3-11 所示。

　　步骤 7　旋转模型　单击【旋转】↻以定位模型，如图 3-12 所示。注意贴图并没有包覆到整个模型。

图 3-11　定位贴图

图 3-12　旋转模型

步骤 8 设置贴图深度 设置【贴图深度】为 "0.3"，贴图现在包覆模型，但没有正确显示。这是因为其应用了平面投影，这会导致标签向后显示在容器的一侧，如图 3-13 所示。

步骤 9 设置圆柱形贴图 在【映射模式】内单击【圆柱形】，结果如图 3-14 所示。

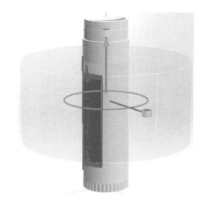

图 3-13 设置贴图深度

图 3-14 设置圆柱形贴图

步骤 10 设置适合宽度 单击【适合宽度】，单击【断开链接】🔗。设置【贴图高度】为 "0.8000"，【沿圆柱的距离】为 "−0.4750"，拖动【绕圆柱旋转】的滑块，调整贴图至合适的宽度，如图 3-15 所示。

图 3-15 设置适合宽度

步骤 11 渲染 如有需要，可使用降噪器创建最终渲染，结果如图 3-16 所示。

提示 蜡外观通常比其他外观需要更多的通道，但是降噪器会减少所需的通道数量。

图 3-16 渲染结果

练习 3-1　卷笔刀

贴图可用于表示彩色或高度详细的零部件。在本练习中，将使用贴图来表示工程图纸以及铅笔上的彩色徽标。

本练习将应用以下技术：

- 贴图。
- 贴图深度。

项目说明：用户已经设计了卷笔刀，并将其导入 SOLIDWORKS Visualize 中且添加了外观。后续的任务是在卷笔刀下面的纸面上添加贴图，使其看起来像车间图纸，并在每根铅笔上添加贴图，以使用 SOLIDWORKS Visualize 徽标来标记它们。

操作步骤

步骤 1　打开文件　从 Lesson03\Exercises\Sharpener 文件夹内打开 "pencil_sharpener" 文件，如图 3-17 所示。

步骤 2　添加工程图贴图　单击【新建贴图】并选择【图像】。浏览到 Lesson03\Exercises\Sharpener 后选择 "Drawing.jpg" 文件并单击【打开】，如图 3-18 所示。

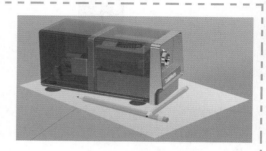

图 3-17　打开文件

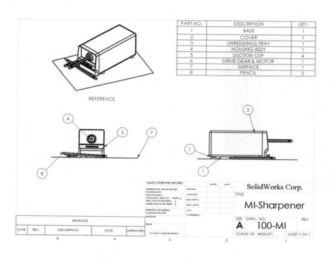

图 3-18　添加工程图贴图

步骤 3　应用贴图　将贴图拖放到代表纸张的矩形上，如图 3-19 所示。

步骤 4　调整贴图　使用【对象操作工具】调整贴图大小并定位贴图，如图 3-20 所示。

步骤 5　添加新贴图　单击【新建贴图】并选择【图像】。浏览到 Lesson03\Exercises\Sharpener 后选择 "SW_Visualize_logo_BLACK_1920.png" 文件并单击【打开】。

步骤 6　为铅笔添加贴图　拖动 "SW_Visualize_logo_BLACK_1920" 贴图到铅笔上，如图 3-21 所示。

步骤 7　放置贴图　使用【对象操作工具】放置贴图，如图 3-22 所示。设置【贴图深度】为 "0.002"。

图 3-19 应用贴图

图 3-20 调整贴图

图 3-21 为铅笔添加贴图

图 3-22 放置贴图

步骤 8 复制和粘贴贴图 在调色板中单击"SW_Visualize_logo_BLACK_1920"贴图，使用快捷键<Ctrl+C>和<Ctrl+V>在调色板中复制和粘贴贴图。

步骤 9 添加第二个贴图 将第二个贴图拖放到第二根铅笔上，并调整贴图的大小和位置，如图 3-23 所示。

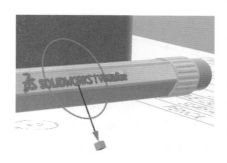

图 3-23 添加第二个贴图

技巧 在第二个贴图上使用与之前贴图相同的尺寸。

步骤 10 设置彩色贴图 （可选操作）为贴图应用外观，如图 3-24 所示。
步骤 11 创建最终渲染 创建最终渲染，结果如图 3-25 所示。

图 3-24 设置彩色贴图

图 3-25 创建最终渲染

步骤 12 保存并关闭文件

练习 3-2　水瓶

在本练习中，将渲染一个水瓶。

本练习将应用以下技术：

● 外观。

● 贴图映射。

项目说明：本练习的任务是使用外观和贴图来创建与现有图像匹配的渲染。

操作步骤

　　步骤 1　打开文件　从 Lesson03\Exercises\WaterBottle 文件夹内打开 "water_bottle" 文件，如图 3-26 所示。该文件夹内还包含一个名为 "Logo" 的图像文件。

　　步骤 2　最终结果　使用本章讲解的技能创建最终渲染，结果如图 3-27 所示。

图 3-26　打开文件

图 3-27　最终结果

　　步骤 3　保存并关闭文件

练习 3-3　纹理映射

　　在本练习中，将使用【散射透明度（α）】映射和多层外观来渲染本章第二个示例中的唇膏容器。在本练习中使用的方法是应用贴图的替代方法，用于更复杂的应用程序。本练习将介绍新技能。

本练习将应用以下技术：

● 外观。

项目说明：在本练习中，将创建多层外观。多层外观是两个现有外观相互叠加的组合。在本练习中将组合外观来表示塑料和贴图，通过在顶部应用带有【散射透明度（α）】映射的彩色贴图来创建贴图外观。

操作步骤

　　步骤 1　打开文件　从 Lesson03\Exercises\Balm_texture_Map 文件夹内打开 "Balm_setup" 文件。此文件已经进行了部分设置，如图 3-28 所示。

　　步骤 2　激活【预览】模式　单击【预览】●模式。

　　步骤 3　新建外观　单击【外观】⬛选项卡，单击【添加】➕/【新建外观】。在【常规】选项卡内设置【外观名称】为 "Wrap Around Decal"，如图 3-29 所示。

图 3-28　打开文件

图 3-29　新建外观

步骤 4　添加颜色纹理　单击【纹理】选项卡，单击【颜色】，浏览到 Lesson03\Exercises\Balm_texture_Map 文件夹，选择"Label non transparent"并单击【打开】。

步骤 5　应用外观　将【Wrap Around Decal】外观拖到模型上，可以看到容器的主体比其他部分更暗，如图 3-30 所示。

● 混合纹理　将【纹理】应用于【外观】时，其会自动与【外观】的【颜色】组合，这也称为【混合纹理】。可以通过【混合纹理】命令打开和关闭该项功能。在关闭后，只会显示纹理。

图 3-30　应用外观

知识卡片	混合纹理	● 调色板：在【外观】选项卡中选择一个外观，单击【纹理】选项卡，勾选或取消勾选【混合纹理】复选框。

步骤 6　关闭混合纹理　不勾选【混合纹理】复选框，如图 3-31 所示。

提示　请注意，贴图在容器上的映射是不正确的，这是因为【纹理映射】的默认模式是【框形】。

图 3-31　关闭混合纹理

41

步骤7 应用圆柱形纹理映射 单击【纹理映射】选项卡，在【模式】内选择【圆柱形】。圆柱形出现在零件上，以显示纹理的映射方式。在【缩放所有】中输入"0.04"，使用位置控标定位贴图，如图 3-32 所示。

图 3-32 应用圆柱形纹理映射

● 多层贴图 如在"第 2 章 导入设置和外观"中所述，【散射透明度（α）】纹理可用于在模型中创建透明区域。在本例中，贴图的黑色区域代表贴图本身，而末端的白色区域则是外露的塑料，如图 3-33 所示。下面将从当前模型开始，通过一个多步骤的操作来完成该项目。

● α 映射 下面将把【散射透明度（α）】纹理应用于【Wrap Around Decal】外观，以使白色区域透明，如图 3-34 所示。

● 多层外观 使用【多层】外观类型将【Wrap Around Decal】外观和【Smooth White】外观组合，如图 3-35 所示。

图 3-33 多层贴图

图 3-34 α 映射

图 3-35 多层外观

步骤8 应用 α 映射 单击【纹理】选项卡，单击【散射透明度（α）】。浏览到 Lesson03\Exercises \ Balm_texture_Map 文件夹，选择"Alpha_map.tif"并单击【打开】。勾选【同步纹理】复选框，这将确保【颜色】贴图和【散射透明度（α）】贴图始终对齐。

 提示 α 映射创建了透明度，现在可以透过模型看到蜡体。

步骤 9 **应用多层外观** 单击【外观】选项卡，单击【添加】＋/【新建外观】。在【常规】选项卡内设置【外观名称】为 "Decal and Plastic"，在【外观类型】中单击【多层】。

步骤 10 **添加层** 单击【添加】＋，选择【Smooth White】并单击【确定】。单击【添加】＋，选择【Wrap Around Decal】并单击【确定】，如图 3-36 所示。

图 3-36 添加层

> 提示🖐 创建【多层】外观类型时，应始终首先添加基本外观。

步骤 11 **应用新外观** 将 "Decal and Plastic" 拖到外壳上。白色塑料出现在贴图下方，如图 3-37 所示。

步骤 12 **创建渲染** 单击【输出工具】⊚渲染图像，结果如图 3-38 所示。为了呈现蜡体的外观，会需要较多的通道。

图 3-37 应用新外观   图 3-38 创建渲染

步骤 13 **保存并关闭文件**

43

第4章 相　机

学习目标
- 创建一个或多个相机
- 保持高宽比例
- 编辑相机方向
- 应用网格叠加
- 启用景深
- 将相机过滤器（如晕影）应用于模型
- 使用光晕创建发光效果

4.1　概述

扫码看视频

在 SOLIDWORKS Visualize 中，相机用于在视窗内提供模型视图以及最终渲染。相机可以定位，也可以像传统相机一样进行变焦。SOLID-WORKS Visualize 中的相机还可用于提供其他效果，例如景深和晕影。

4.1.1　项目说明

在本章中，我们将渲染路由器。首先使用特殊工具（如三分叠加规则）创建和定位相机，然后启用景深以在模型的指定位置创建焦点感。特殊滤镜将用于创建晕影效果，以使渲染图像的外部区域变暗。最后，启用光晕为路由器的自发光组件创建发光效果。

4.1.2　设计流程

主要操作步骤如下：

1. 创建相机　创建一个新的相机。多个相机可以同时存在，以提供模型的独特视图。

2. 定义高宽比例　高宽比例确定了渲染区域的高度和宽度之间的关系。

3. 设置网格叠加　摄影上经常使用三分法裁剪图像以在视觉上吸引注意。网格叠加可用于定位相机，以便模型遵循三分法规则。

4. 设置透视和相机方向　如传统相机一样，SOLIDWORKS Visualize 中的相机可以移动，以获得模型的最佳视角。

5. 定义景深　景深是一种可以打开或关闭的参数，用于创建深度感并聚焦于模型。

6. 定义过滤器　过滤器用于为图像提供额外的效果，例如晕影和光晕。

4.2　创建相机

相机用于在视窗中提供模型视图以及最终渲染。一个项目中可以同时存在多个相机，并可以轻松切换。在项目启动时始终存在【默认相机】。使用 SOLIDWORKS Visualize Professional，可以直接从 SOLIDWORKS 中导入相机。

知识卡片	相机	● 调色板：在【相机】◎选项卡中单击【添加】➕/【新建相机】。 ● 下拉菜单：单击【项目】/【相机】/【新建相机】。

操作步骤

步骤 1 打开文件 从 Lesson04\Case Study 文件夹内打开 "Router_Start" 文件。

步骤 2 创建相机 单击【相机】◎选项卡，单击【添加】➕/【新建相机】，如图 4-1 所示。

步骤 3 命名相机 单击【常规】选项卡，设置【名称】为 "Front Corner View"。

图 4-1 创建相机

步骤 4 定位视图 调整模型的方向，使其处于如图 4-2 所示的角度。

步骤 5 切换相机 单击【默认相机】，单击【预览】◎模式。旋转模型，以便可以看到 "Front Corner View" 相机，如图 4-3 所示。

图 4-2 定位视图

图 4-3 切换相机

提示 【相机】仅在【预览】模式内的视窗中可见。

步骤 6 切换回前视相机 单击 "Front Corner View"，单击【精确】◎模式。

4.3 高宽比例

【高宽比例】描述了图像的高度和宽度之间的关系。在媒体中通常使用几种高宽比例，用户可以使用这些高宽比例，也可以自定义高宽比例。

知识卡片	相机	● 调色板：在【相机】◎选项卡的【常规】选项卡中设置【高宽比例】。

4.4　保持在地板上方

在现实世界中，从地板视角的下方拍摄产品可能较为困难。在SOLIDWORKS Visualize中，【保持在地板上方】用于确保相机在整个布景中移动时保持在地板的上方。

知识卡片	相机	● 调色板：在【相机】📷 选项卡的【常规】选项卡中设置【保持在地板上方】。

> 步骤7　定义高宽比例　单击【常规】选项卡，确保勾选【保持在地板上方】复选框。单击【高宽比例】内的箭头，选择【TV 4：3】，如图4-4所示。

图 4-4　定义高宽比例

4.5　透视图

创建渲染时，用户可以使用广角视图将相机近距离定位，或者使用模型的放大视图将相机放置在远处。在 SOLIDWORKS Visualize 中，参数【透视图】和【焦距】就是实现此目的的。【透视图】参数会影响相机位置，【焦距】参数会影响镜头的角度。

知识卡片	镜头	● 调色板：在【相机】📷 选项卡的【常规】选项卡中设置【镜头】。

4.6　相机方向

在"第1章　CAD 到 SOLIDWORKS Visualize"中，讨论了缩放、平移和旋转功能。这些功能可以控制相机的方向，但还有更精确的方法来控制相机。

1. **距离 / 推拉摄**　此参数控制相机与兴趣点之间的距离。
2. **经度**　此参数围绕兴趣点水平旋转相机。
3. **纬度**　此参数围绕兴趣点垂直旋转相机。
4. **扭转**　此参数将向左或向右扭转相机。

5. **位置 XYZ**　这些参数用于控制相机相对于布景原点的 X、Y、Z 坐标位置。

6. **相机定位**　这些参数是相对于布景的原点来移动相机的。其中有四种可用的相机定位参数：

1）在视窗中显示。勾选此复选框会显示相机与视窗中原点之间的距离。

2）离地板高度。此参数控制相机与布景地板之间的高度。

3）地板距离。此参数控制原点与相机之间的水平距离。

4）焦高度。此参数控制焦平面位置（将在"4.8　景深"中讲解）与布景平面之间的高度。

知识卡片	转换	● 调色板：【相机】⊙选项卡 /【转换】选项卡。

步骤 8　**更改透视图**　单击【常规】选项卡。在【镜头】内设置【透视图】为"110"，【焦距】会自动变化。定位相机，以使整个路由器可见，如图 4-5 所示。

提示　当对【透视图】和【焦距】进行更改时，模型并不会在视窗内明显移动。这表示在编辑这些参数时相机会相应地移动。

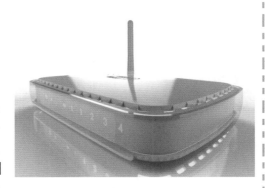

图 4-5　更改透视图

步骤 9　**定位模型**　单击【转换】选项卡，注意【位置 XYZ】参数。设置【距离 / 推拉摄】为"20"，【经度】为"−35.00"，【纬度】为"15"，【位置 XYZ】参数发生更改。设置【离地板高度】为"5.00"，注意【纬度】和【距离 / 推拉摄】数值发生更改，如图 4-6 所示。结果如图 4-7 所示。

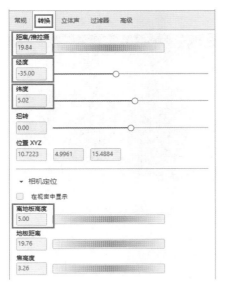

图 4-6　设置【转换】参数

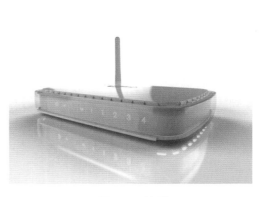

图 4-7　结果

4.7　网格叠加

三分规则和四分规则是用于创建视觉上吸引人注意的图像的常用概念。使用这些规则，图像被线段覆盖，将图像分成三份或四份，如图 4-8 所示。然后将感兴趣的点与线段的交叉点创建对齐关系。

图 4-8　网格叠加

知识卡片	三分叠加规则	● 调色板：在【相机】📷选项卡的【高级】选项卡中设置【三分叠加规则】。

步骤 10　启用三分叠加规则　单击【高级】选项卡，展开【三分叠加规则】，勾选【启用网格叠加】复选框。将模型上感兴趣的点定位在网格的节点上，如图 4-9 所示。

提示　如果感兴趣的点没有完全对齐节点，也是可以接受的。

步骤 11　关闭三分叠加规则　单击【高级】选项卡，取消勾选【启用网格叠加】复选框。

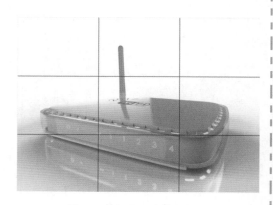

图 4-9　启用三分叠加规则

4.8　景深

景深可用于创造焦点感和照片写实感，如图 4-10 所示。它的工作原理是指定一个垂直于相机的焦平面。在焦平面内，模型的视图是清晰的。当远离焦平面时，就会变得模糊。

1. 焦距　此参数控制焦平面相对于相机的位置。

2. 光圈　在真实的相机中，此参数控制光线在到达胶片之前穿过的孔的大小。在 SOLIDWORKS Visualize 中，此参数模拟光圈大小的影响。较大的光圈会增加焦平面外物体的模糊感。

图 4-10　景深

知识卡片	景深	● 调色板：在【相机】📷选项卡的【常规】选项卡中设置【景深】。

步骤12　设置景深　单击【常规】选项卡，在【景深】内，勾选【启用景深】复选框。单击【选取】并选择模型正面的位置（这会影响【焦距】参数），如图 4-11 所示。设置【光圈】为"50"。

提示　这是一个小模型。因此，需要大光圈来减少朝向模型背面的焦点。

图 4-11　设置景深

4.9　过滤器

过滤器仅适用于 SOLIDWORKS Visualize Professional，其用于改善渲染并创造引人注目的效果。有几种过滤器可以应用于模型，用户可以尝试使用不同的过滤器来查看它们如何影响渲染的结果。

1. **启用后处理**　此选项可切换已打开或关闭的任何过滤器。

2. **仅适用于几何图形**　勾选此复选框后，过滤器将仅应用于几何图形，排除渲染的背板或背景。

知识卡片	过滤器	● 调色板：【相机】◉选项卡/【过滤器】选项卡。

3. **光晕**　【光晕】是一种特殊类型的过滤器，可用于从具有【发射】的外观创建发光效果，如图 4-12 所示。

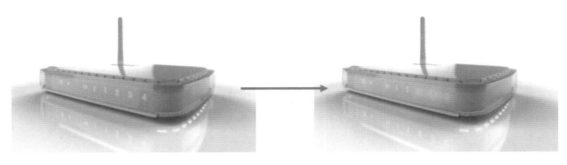

图 4-12　光晕

知识卡片	过滤器	● 调色板：在【相机】◉选项卡的【过滤器】选项卡中设置【光晕】。

步骤 13　设置晕影（仅适用于 SOLIDWORKS Visualize Professional）　单击【过滤器】选项卡，勾选【启用后处理】复选框，不勾选【仅适用于几何图形】复选框。设置【晕影】为"10"。结果如图 4-13 所示。

提示　　晕影是一种过滤器，可在渲染边缘的周围创建柔和的阴影。

步骤 14　设置光晕（仅适用于 SOLID-WORKS Visualize Professional）　勾选【启用光晕】复选框。设置【强度】为"2"，此参数可控制光晕的亮度。设置【半径】为"0.1"，此参数可控制光晕的大小（半径）。

图 4-13　设置晕影

设置【阈值】为"1"，此参数可控制光晕影响的部分，该数值越低，光晕越明亮。结果如图 4-14 所示。

步骤 15　渲染模型　创建最终渲染，结果如图 4-15 所示。

图 4-14　设置光晕

图 4-15　渲染模型

步骤 16　保存并关闭文件

练习 4-1　英国汽车

一个项目可以含有多个相机。通过景深和三分法等特征，相机可以用在使渲染更具视觉吸引力的特定位置。相机过滤器和光晕等其他功能，可进一步处理渲染效果。

本练习将应用以下技术：

- 相机。
- 高宽比例。
- 网格叠加。
- 透视图。
- 景深。
- 过滤器。

项目说明：用户已经设计了一辆汽车，并将其导入 SOLIDWORKS Visualize 中且添加了外观。后续的任务是创建渲染并通过相机设置使其具有"驶出"的效果。首先创建新相机并定位，然后添加景深和过滤器，使渲染更具视觉吸引力。

操作步骤

步骤 1 打开文件 从 Lesson04\Exercises 文件夹内打开"Sports_Car"文件，如图 4-16 所示。

步骤 2 创建新相机 创建一个新相机，并将其命名为"Front View"。

步骤 3 设置高宽比例 设置【高宽比例】为【HDTV 16：9】。

步骤 4 前视定位 大致地定位相机以获得汽车前部的视图，如图 4-17 所示。

图 4-16 打开文件

图 4-17 前视定位

步骤 5 设置透视图 设置【透视图】为"35"。

步骤 6 定义四分规则 勾选【启用网格叠加】复选框，并使用四分规则将前照灯定位在节点上，如图 4-18 所示。

步骤 7 设置距离/推拉摄 设置【距离/推拉摄】为"0.3"。

步骤 8 启用景深 勾选【启用景深】复选框。在【焦距】内单击【选取】，并选择发动机盖前面的位置，如图 4-19 所示。设置【光圈】为"2.00"。

图 4-18 定义四分规则

图 4-19 启用景深

步骤 9 激活精确模式 单击【渲染器选择】/【精确】。

步骤 10 设置过滤器（仅适用于 SOLIDWORKS Visualize Professional） 勾选【启用后处理】复选框，不勾选【仅适用于几何图形】复选框。设置【晕影】为"10"，【饱和度】为"1.1"。勾选【启用光晕】复选框。设置【强度】为"0.02"，【半径】为"0.3"。

步骤 11 关闭四分叠加规则 取消勾选【启用网格叠加】复选框。

步骤 12　**渲染模型**　创建最终渲染，结果如图 4-20 所示。

图 4-20　渲染模型

步骤 13　**保存并关闭文件**

练习 4-2　手表

在本练习中，将渲染一块手表。

本练习将应用以下技术：

- 相机。
- 透视图。
- 景深。
- 过滤器。

项目说明：本练习的任务是创建相机以匹配现有的渲染图像。

操作步骤

步骤 1　**打开文件**　从 Lesson04\Exercises 文件夹内打开"Watch"文件，如图 4-21 所示。

步骤 2　**最终结果**　使用本章讲解的技能创建最终渲染，结果如图 4-22 所示。

图 4-21　打开文件　　　　　　　图 4-22　最终结果

步骤 3　**保存并关闭文件**

第5章　背板、环境和光源

学习目标

- 在模型上使用复制和粘贴
- 将背板应用于布景以提供背景图像
- 应用环境以更改照明
- 创建光源以照亮模型

5.1　布景

在 SOLIDWORKS Visualize 中，布景为渲染模型提供照明和背景图像。布景由背板、环境和光源组成。背板是放置在模型后面的静态背景图像。环境提供动态背景图像以及布景的一般照明。光源用于照亮模型，用户可以高精度放置光源。

5.1.1　项目说明

在本章中将设置两个示例：一对戒指和在第 4 章中使用的路由器。在第一个示例中，首先复制戒指模型并应用外观，然后将背板应用到背景中，并添加环境以为模型提供照明，最后创建最终渲染。在第二个示例中，将渲染路由器，首先降低环境亮度，然后添加光源以提供照明。

5.1.2　设计流程

主要操作步骤如下：

1. **复制和粘贴模型**　复制和粘贴功能将用于制作模型的副本。
2. **应用背板**　将背板应用于布景以为模型提供背景图像。
3. **应用环境**　应用和编辑环境将影响模型的照明。
4. **添加光源**　添加光源以为模型提供照明。

扫码看视频

操作步骤

　　步骤 1　**打开文件**　从 Lesson05\Case Study 文件夹内打开 "Simple Ring" 文件，如图 5-1 所示。

　　步骤 2　**复制戒指**　单击【模型】⊗ 选项卡，选择 "Merged Model"，使用快捷键 <Ctrl+C> 和 <Ctrl+V> 复制并粘贴模型，如图 5-2 所示。

　　步骤 3　**定位第二个戒指**　选择 "Merged Model 2"，单击【转换】选项卡。在【旋转 XYZ】内单击第一个框并输入 "0.0000"，再单击【捕捉到地板】，如图 5-3 所示。模型显示如图 5-4 所示。

图 5-1   打开文件

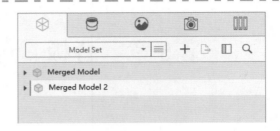

图 5-2   复制戒指

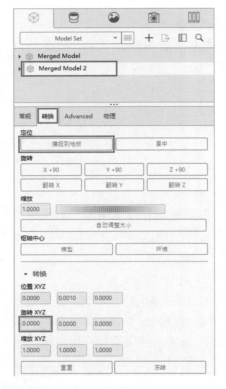

图 5-3   【转换】设置

图 5-4   模型显示

步骤 4   添加外观   单击【外观】🗄选项卡。将【Rose Gold】拖放到第二个戒指上，将【Peridot】拖放到第二个戒指的钻石上，如图 5-5 所示。用户也可以尝试自定义其他外观。

图 5-5   添加外观

5.2　背板

背板是放在模型后面、环境前面的图像，如图 5-6 所示。背板是传统的静态图像，不受光源或环境照明的影响。这意味着用户必须编辑模型的照明效果和相机方向以适应背板。

> 知识卡片
>
> 背板
>
> ● 调色板：在【布景】选项卡中单击【添加】✚/【新建背板】。
> ● 下拉菜单：单击【项目】/【布景】/【新建背板】。

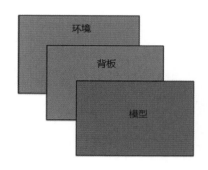

图 5-6　背板

步骤 5　新建背板　单击【布景】🖼选项卡，单击【添加】✚/【新建背板】。浏览到 Lesson05\Case Study 文件夹并选择 "backplate_lesson5.png" 文件。单击【打开】，如图 5-7 所示。

步骤 6　定位相机　单击【相机】📷选项卡，使用"第 4 章　相机"中讲解的相机定位工具来定位默认相机，使其具有视觉吸引力，如图 5-8 所示。

图 5-7　新建背板

图 5-8　定位相机

> 提示👆　在定位相机时，背板不会在视窗内移动。因此，在此步骤中确保模型看起来像放置在桌面上是较为重要的任务。

5.3　环境

用户可以在 SOLIDWORKS Visualize 中应用两种类型的环境：HDR 和日光。

5.3.1　HDR 环境

HDR 环境是一种 HDRI 图像（高动态范围图像），可以在模型周围创建球形环境。HDR 环境可以照亮模型并提供背景图像。在放置 HDR 环境后，可以通过旋转环境和更改明暗度来操作它。HDR 环境的底部甚至可以展平，以使地面看起来与模型连接得更加紧密，如图 5-9 所示。

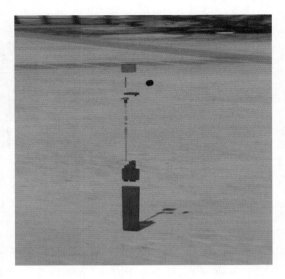

图 5-9　HDR 环境

知识卡片	新建 HDR 环境	● 调色板：在【布景】选项卡中单击【添加】✛/【新建 HDR 环境】。 ● 下拉菜单：单击【项目】/【布景】/【新建 HDR 环境】。

5.3.2　日光环境

日光环境用于准确表示特定位置和时间的太阳光，如图 5-10 所示。

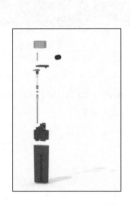

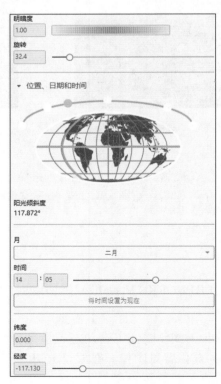

图 5-10　日光环境

知识卡片	新建日光环境	● 调色板：在【布景】选项卡中单击【添加】 ＋ /【新建日光环境】。
		● 下拉菜单：单击【项目】/【布景】/【新建日光环境】。

步骤 7　新建布景　单击【文件库】 选项卡，在【Local】 内浏览到【Environments】。拖动【Auto Photo Studio】到视窗内，如图 5-11 所示。注意戒指表面反射的变化。

> 提示　在这种情况下，由于存在背板，环境仅会影响照明。

步骤 8　更改布景　单击【布景】 选项卡，选择【Auto Photo Studio】环境，在调色板中单击【高级】选项卡。在【色调映射】内设置【明暗度】为 "1.25"，【灰度系数】为 "0.75"。设置【旋转】为 "60.0"。在【地板效果】内勾选【焦散线】复选框，设置【地板焦散线】为 "0.25"，如图 5-12 所示。请注意每个参数是如何影响模型的，结果如图 5-13 所示。

图 5-11　新建布景

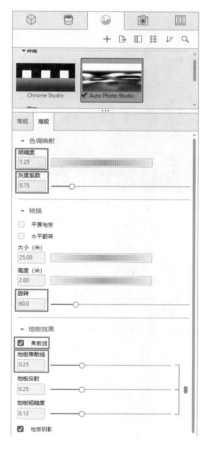

图 5-12　布景设置

图 5-13　模型显示

> 提示 按住 <Ctrl+Alt> 键，并同时按住鼠标左键向左或向右拖动，也可以对环境进行旋转。

步骤 9 **设置相机过滤器** 单击【相机】选项卡中的【过滤器】选项卡。勾选【启用后处理】复选框，设置【晕影】为 "16.00"，【加深】为 "0.10"，【曝光】为 "1.25"，【灰度系数校正】为 "1.25"，如图 5-14 所示。

步骤 10 **渲染** 单击【输出工具】，使用 1000 通道渲染戒指的图像，结果如图 5-15 所示。

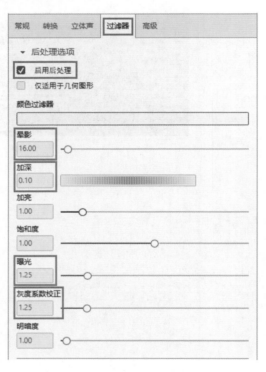

图 5-14 设置相机过滤器

图 5-15 渲染

步骤 11 **保存并关闭文件**

> 思考? ● 环境仅在 SOLIDWORKS Visualize Professional 中可用吗？
> ● 如果首先将环境应用于布景，然后再添加背板，那么从视窗中可以看到的是环境还是背板？

5.4 光源

光源为模型提供照明，其可以设置为停留在指定位置，也可以从相机位置投影。程序提供以下几种光源类型：

1. 匹配当前相机 即使相机移动，这种类型的光源也将始终从相机的位置投影。

2. **区域**　【区域光源】是发光的形状。【区域光源】相对于模型定位，即使相机移动，光源也不会移动。

3. **定向**　【定向光源】用于创建光线平行传播的光源。这可以用于表示远离目标的光源。即使相机移动，【定向光源】也不会移动。

4. **点聚**　【聚光源】发出的光线类似于剧院中聚光灯的光线。即使相机移动，【聚光源】也不会移动。

知识卡片	新建光源	● 调色板：在【布景】选项卡中单击【添加】➕/【新建光源】/【选取目标】（【选取位置】或【匹配当前相机】）。 ● 下拉菜单：单击【项目】/【布景】/【新建光源】/【选取目标】（【选取位置】或【匹配当前相机】）。

操作步骤

步骤 1　**打开路由器**　从 Lesson05\Case Study 文件夹内打开"Router_light"文件，如图 5-16 所示。

步骤 2　**使环境变暗**　单击【布景】🌐选项卡，选择【Chrome Studio】环境，在【常规】选项卡内设置【明暗度】为"0"，结果如图 5-17 所示。

扫码看视频

图 5-16　打开路由器

图 5-17　使环境变暗

步骤 3　**新建光源**　在【布景】🌐选项卡中，单击【添加】➕/【新建光源】/【选取目标】。在模型上选择一个位置，如图 5-18 所示。

提示　【选取目标】选项会创建一个从选择点反射远离模型的光源。此选项可用于快速地将光线添加到模型的黑暗区域。

图 5-18　新建光源

步骤 4　**缩小视图**　操作相机以获得更好的光源视角，如图 5-19 所示。

提示　必须在调色板中选择光源才能让其在视窗中显示。

步骤 5　调整光源大小　在【常规】选项卡内，设置【矩形宽度】为"10"，【矩形长度】为"10"。

步骤 6　增加明暗度　设置【名称】为"Square light"，【明暗度】为"5000"。结果如图 5-20 所示。

步骤 7　定位光源　单击【转换】选项卡，设置【距离/推拉摄】为"30"，【经度】为"0"，【纬度】为"25"。现在光源照射在路由器的前面，如图 5-21 所示。

步骤 8　新建光源　单击【添加】＋/【新建光源】/【选取目标】。在模型上选择一个位置，如图 5-22 所示。

图 5-19　缩小视图

图 5-20　增加明暗度

图 5-21　定位光源

步骤 9　选择聚光源　单击【常规】选项卡，设置【名称】为"Spot light"。在【类型】内选择【聚光源】，设置【明暗度】为"15000"。

步骤 10　定位聚光源　单击【转换】选项卡，设置【距离/推拉摄】为"25"，【经度】为"–140"，【纬度】为"5"。结果如图 5-23 所示。

步骤 11　渲染（可选操作）　创建路由器的渲染，结果如图 5-24 所示。

图 5-22　新建光源

图 5-23　定位聚光源　　　　　　　　　图 5-24　渲染

步骤 12　保存并关闭文件

练习 5-1　太阳下的汽车

用户可以在 SOLIDWORKS Visualize 中应用 HDR 和日光两种类型的环境。环境用于照亮布景并提供背景。日光环境用于在特定时间和地点准确地表示来自太阳的光照。

本练习将应用以下技术：

- 环境。
- 日光环境。

项目说明：本练习将在"练习 4-1　英国汽车"的基础上进行。在本练习中，将创建一个日光环境来照亮模型并提供背景图像。

操作步骤

步骤 1　打开文件　从 Lesson05\Exercises 文件夹内打开"Sports_Car"文件，如图 5-25 所示。

步骤 2　新建日光环境　单击【布景】选项卡，单击【添加】＋/【新建日光环境】创建新环境，如图 5-26 所示。

图 5-25　打开文件　　　　　　　　　图 5-26　新建日光环境

步骤 3　设置时间和位置　设置【月】为"四月"，【时间】为"17:50"。设置【纬度】为"33"，【经度】为"–115"。结果如图 5-27 所示。

步骤 4 设置日光参数 从调色板中单击【日光】选项卡，输入如图 5-28 所示的参数。这些参数会影响太阳的形状和颜色。

图 5-27 结果

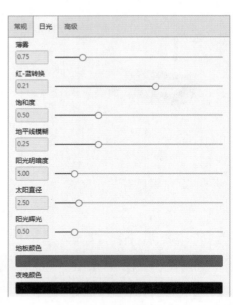

图 5-28 设置日光参数

步骤 5 设置地板效果 在【地板效果】内勾选【焦散线】复选框，设置【地板焦散线】为"0.09"。确保勾选了【地板阴影】复选框。

步骤 6 渲染模型 创建最终渲染，结果如图 5-29 所示。

图 5-29 渲染模型

步骤 7 保存并关闭文件

练习 5-2 水瓶背板

在本练习中，将渲染一个水瓶。

本练习将应用以下技术：

- 相机。
- 背板。

● 日光环境。

● 光源。

项目说明：本练习的任务是创建相机和布景以匹配现有的渲染图像。

操作步骤

步骤 1　打开文件　从 Lesson05\Exercises 文件夹内打开 "water_bottle_backplate" 文件，如图 5-30 所示。此文件夹还包含一个图像文件 "Venice Beach 4.jpg"。

步骤 2　最终结果　使用本章讲解的技能创建最终渲染，结果如图 5-31 所示。

图 5-30　打开文件

图 5-31　最终结果

步骤 3　保存并关闭文件

第6章 高效工具

学习目标
- 创建多个视窗和关联的相机
- 使用配置创建多个渲染的实例
- 使用【所有相机】和【所有配置】输出模式以节省时间
- 使用【发送到队列】在非高峰时段创建渲染
- 了解 SOLIDWORKS Visualize Boost 如何用于增加计算资源

6.1 概述

在 SOLIDWORKS Visualize 中有几个工具可以让用户更轻松地创建多个渲染。SOLID-WORKS Visualize 还包含可在非高峰时段使用资源来提高计算效率的工具。除此之外，SOLID-WORKS Visualize Boost 还可通过访问网络上的其他计算机来增加可用的计算资源。

6.1.1 项目说明

首先打开一个已经部分完成的项目（太阳镜），然后使用【多视窗】命令创建多个相机，进而使用【所有相机】命令为每个相机创建渲染。使用配置将各种外观应用于模型，然后使用【所有配置】命令以及【渲染队列】来渲染所有的配置。最后，学习 SOLIDWORKS Visualize Boost 程序。

6.1.2 设计流程

主要操作步骤如下：

1. **创建多视窗** 在视窗中，用户可以创建多个视图，此过程将自动创建多个相机。
2. **渲染所有相机** 此命令用于为每个存在的相机创建模型的渲染。
3. **时间限制渲染** 时间限制渲染是一种在分配时间内创建最佳渲染的方法。
4. **创建配置** 用户可以在具有不同外观和布景的单个项目中创建模型的多个实例。
5. **渲染所有配置** 与【所有相机】命令类似，【所有配置】命令用于为所有存在配置的模型创建单独的渲染。
6. **渲染队列** 渲染队列用于创建要在某一时间运行的渲染列表，通常是在非高峰时段。
7. **应用 SOLIDWORKS Visualize Boost** SOLIDWORKS Visualize Boost 是一个单独的程序，旨在利用网络上其他计算机的计算资源。

6.2 多视窗

如在 "第1章 CAD 到 SOLIDWORKS Visualize" 中所述，视窗提供了模型的视图以及用于渲染模型的相机。SOLIDWORKS Visualize 最多可以同时显示四个视窗，可以通过【多视窗】命令实现。视窗是相机的代名词，因此，在显示多个视窗时会自动创建相机。

知识卡片	多视窗	● 下拉菜单：单击【视图】/【多视窗】，选择一种视窗类型。

操作步骤

步骤1　打开文件　从 Lesson06\Case Study 文件夹内打开 "SunGlass-es" 文件，如图 6-1 所示。

步骤2　创建多视窗　单击【视图】/【多视窗】/【四个视窗】，如图 6-2 所示。

扫码看视频

图 6-1　打开文件　　　　　　　　　　　图 6-2　创建多视窗

步骤3　定位每个视图　对于四个视图中的每个视图，选择视窗（将以黄色突出显示）并定位视图，如图 6-3 所示。

提示👆　每个视图将自动创建相机，如图 6-4 所示。

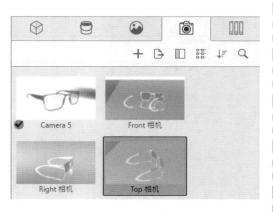

图 6-3　定位每个视图　　　　　　　　　图 6-4　视图对应的相机

65

6.3　渲染所有相机

SOLIDWORKS Visualize 中有几种批处理的渲染工具，其中一种工具是【所有相机】命令。【所有相机】命令会为每个存在相机的活动模型创建一个单独的渲染。这些渲染是逐个创建的，并放置在指定的输出文件夹中。

知识卡片	渲染所有相机	● 工具栏：【输出工具】◉/【渲染】/【输出模式】/【所有相机】。

6.4　时间限制渲染

在"第 1 章　CAD 到 SOLIDWORKS Visualize"中简要讨论了渲染模式。【质量】渲染模式会限制所执行的通道，从而在渲染质量方面提供了一致的结果。【时间限制】渲染模式会限制渲染所需的时间，但会忽略执行的通道数量。

知识卡片	时间限制渲染	● 工具栏：【输出工具】◉/【渲染】/【渲染模式】/【时间限制】。

步骤 4　渲染所有相机　单击【输出工具】◉。在【输出模式】内选择【所有相机】，如图 6-5 所示。在【渲染模式】内选择【时间限制】，在【时间限制】内输入 "02" min，如图 6-6 所示。单击【启动渲染】。

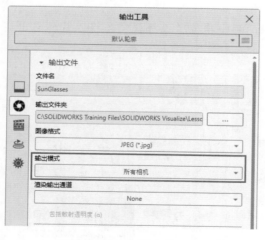

图 6-5　【输出模式】设置

图 6-6　【渲染模式】设置

步骤 5　查看创建的图像　浏览到保存图像的位置，并查看图像，如图 6-7 所示。

步骤 6　显示单一视窗　确保 "Camera 5" 相机处于激活状态，单击【视图】/【多视窗】/【单一】，如图 6-8 所示。

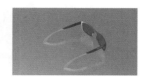

图 6-7　查看创建的图像　　　　　　　图 6-8　显示单一视窗

6.5　配置

配置为具有外观和布景变化的模型提供了多个实例。当使用配置时，始终存在基本配置，并从基本配置分出其他配置，如图 6-9 所示。可以配置外观、布景（环境、光源和背板）以及相机。

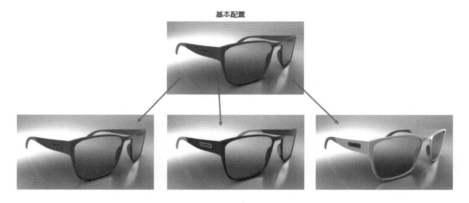

图 6-9　配置

当使用【配置】时，有几种可选的工具，可以通过工具栏访问这些工具，如图 6-10 所示。

图 6-10　【配置】工具

这些【配置】工具的详细说明见表 6-1。

表 6-1　【配置】工具

工具名称	说　　明
新建配置 ＋	创建新配置。除非切换到其他配置，否则 3D 视窗中的所有后续编辑仅适用于新配置
复制配置 🔳	允许复制活动配置
重新命名配置 ✏	允许重命名活动配置。左（上一个配置）和右（下一个配置）箭头循环显示已有的配置
锁定当前配置 🔒	锁定当前配置并禁止对其进行任何更改

知识卡片	配置	● 工具栏：单击【配置】≡/【新建配置】╋。 ● 下拉菜单：单击【项目】/【配置】/【新建配置】。

步骤 7　新建标准颜色配置　单击【新建配置】╋，单击【重新命名配置】✎并将配置命名为 "Standard Colors"。

步骤 8　新建蓝色配置　单击【新建配置】╋，单击【重新命名配置】✎并将配置命名为 "Blue"。单击【外观】🛢选项卡，拖动 "Blue" 外观到其中一个耳垫上，拖动 "Titanium White" 外观到框架的一部分上，拖动 "Blue Tint Glass" 外观到其中一个玻璃片上，如图 6-11 所示。

步骤 9　查看配置　切换回 "Standard Colors" 配置以查看差异。

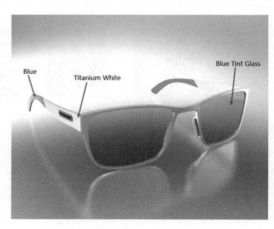

图 6-11　应用外观

6.6　导出

SOLIDWORKS Visualize 附带了一个预定义零部件的文件库，包括外观、环境、背板和相机。可以通过【导出】命令将已创建的零部件添加到库中。

知识卡片	导出	● 调色板：选择一个零部件，单击【导出】🗋。

● 共享文件库　文件库可以存储在共享驱动器上，以便于多个人可以使用同一个库。默认情况下，文件库存储在 "C：\ ... \ Documents \ SOLIDWORKS Visualize Content" 中。用户可以通过 Windows 资源管理器和【库路径】将内容移动到其他位置。

知识卡片	库路径	● 下拉菜单：单击【工具】/【选项】/【常规】/【库路径】。

步骤 10　复制和粘贴外观　单击【外观】🛢选项卡，使用快捷键 <Ctrl+C> 和 <Ctrl+V> 复制 "Titanium White" 外观，如图 6-12 所示。

步骤 11　修改外观　修改【外观名称】为 "Titanium Dark"，【颜色】指定为一种深灰色，如图 6-13 所示。

步骤 12　导出外观　选中 "Titanium Dark" 外观，单击【导出】🗋，选择【保存外观】，如图 6-14 所示。将新外观保存到 "Metal" 文件夹。

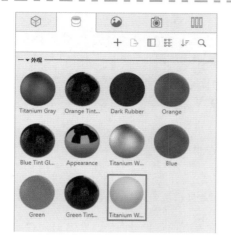

图 6-12　复制和粘贴外观

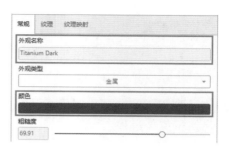

图 6-13　修改外观

步骤 13　查看文件库　单击【文件库】⬚⬚⬚选项卡，选择【Appearances】，单击"Metal"文件夹，找到"Titanium Dark"外观，如图 6-15 所示。

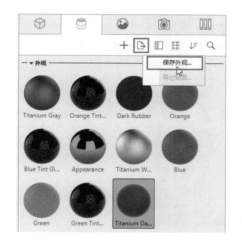

图 6-14　导出外观

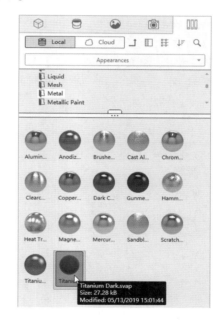

图 6-15　查看文件库

步骤 14　新建绿色配置　单击【新建配置】╋，单击【重新命名配置】✎并将配置命名为"Green"。拖动"Titanium Dark"外观到框架的一部分上。单击【外观】⬚选项卡，拖动"Green"外观到其中一个耳垫上，拖动"Green Tint Glass"外观到其中一个玻璃片上，如图 6-16 所示。

图 6-16　应用外观

6.7　渲染所有配置

与【所有相机】命令类似，【所有配置】命令会为每个存在配置的活动模型创建单独的渲染。这些渲染是逐个创建的，并放置在指定的输出文件夹中。

知识卡片	渲染所有配置	● 工具栏：【输出工具】 ⊙ /【渲染】/【输出模式】/【所有配置】。

6.8　渲染队列

渲染队列用于在非工作时间或计算机资源可用时渲染项目。用户可以将多个项目添加到队列以批量执行渲染过程。

知识卡片	渲染队列	● 工具栏：【输出工具】 ⊙ /【渲染】/【发送到队列】。

步骤 15　渲染队列　单击【输出工具】 ⊙ ，在【输出模式】内选择【所有配置】，如图 6-17 所示。在【大小】的第一个框中输入"350"，如图 6-18 所示。在【渲染模式】内选择【质量】，设置【渲染通道】为"600"，勾选【发送到队列】复选框，如图 6-19 所示。

步骤 16　开始队列　渲染队列打开，单击【启动 Queue】，如图 6-20 所示。

图 6-17　设置【输出模式】

图 6-18　设置【大小】

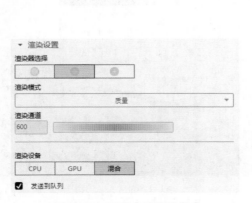

图 6-19　更改【渲染设置】

图 6-20　开始队列

步骤 17　**查看图片**　查看图片，如图 6-21 所示。

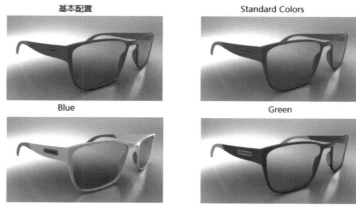

图 6-21　查看图片

步骤 18　保存并关闭文件

6.9　SOLIDWORKS Visualize Boost

SOLIDWORKS Visualize Boost 是一个在另外一台计算机上运行的程序。当通过网络连接时，运行 SOLIDWORKS Visualize 的计算机可以将渲染工作推送到运行 SOLIDWORKS Visualize Boost 的计算机上。本质上是使运行 SOLIDWORKS Visualize Boost 的计算机来完成大部分工作。当运行 SOLIDWORKS Visualize Boost 的计算机执行渲染任务时，它会将信息发送回运行 SOLIDWORKS Visualize 的计算机，直到渲染完成，如图 6-22 所示。

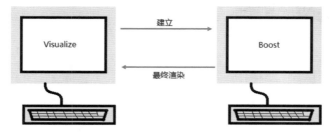

图 6-22　SOLIDWORKS Visualize 和 SOLIDWORKS Visualize Boost 工作过程

　当使用 SOLIDWORKS Visualize Boost 时，两台计算机都需要保持打开状态。

SOLIDWORKS Visualize Boost 仅在设置完成后才可以使用，如图 6-23 所示。有关设置 SOLIDWORKS Visualize Boost 的信息，请参考帮助文档。

图 6-23　SOLIDWORKS Visualize Boost 渲染

　SOLIDWORKS Visualize Boost 仅适用于 SOLIDWORKS Visualize Professional。

练习 6-1　冰镐

SOLIDWORKS Visualize 有几个可以提高工作效率的工具和命令。本练习将使用多视窗、渲染队列、时间限制渲染和配置等知识。

本练习将应用以下技术：

- 多视窗。
- 渲染所有相机。
- 时间限制渲染。
- 配置。
- 渲染所有配置。
- 渲染队列。

项目说明：本练习已经设计了一个冰镐，将其导入 SOLIDWORKS Visualize 中并添加了外观。下面的任务是从多个视图创建冰镐的渲染图像。

操作步骤

步骤 1　打开文件　从 Lesson06\Exercises 文件夹内打开"Ice Tool_rec"文件，如图 6-24 所示。

步骤 2　创建多视窗　单击【视图】/【多视窗】/【四个视窗】，如图 6-25 所示。

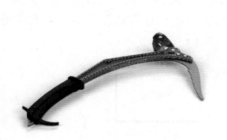

图 6-24　打开文件

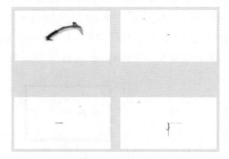

图 6-25　创建多视窗

步骤 3　定位视图　为每个视图定位相机，以便每个视图都具有良好的视觉吸引力，如图 6-26 所示。

步骤 4　发送到队列　勾选【发送到队列】复选框，使用【所有相机】的【输出模式】以及 1min 的【时间限制】设置渲染队列。当【SOLIDWORKS Visualize Queue】窗口打开时，请勿单击【启动 Queue】。

步骤 5　显示单一视窗　单击【视图】/【多视窗】/【单一】并激活默认相机。

步骤 6　新建蓝色配置　创建一个新配置并命名为"Blue"，为"Blue"配置应用外观，如图 6-27 所示。

步骤 7　复制配置　复制"Blue"配置以创建一个新配置，并命名为"Orange"。为"Orange"配置应用外观，如图 6-28 所示。

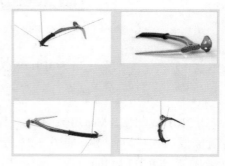

图 6-26　定位视图

图 6-27　应用外观

图 6-28　应用外观

步骤 8　发送到队列　勾选【发送到队列】复选框，使用【所有配置】的【输出模式】以及 1min 的【时间限制】设置渲染队列。

步骤 9　保存并关闭　保存项目并关闭 SOLIDWORKS Visualize。

步骤 10　开始渲染队列　在【SOLIDWORKS Visualize Queue】窗口中单击【启动 Queue】。

步骤 11　查看图片　队列完成后打开并查看图片。

练习 6-2　吉他颜色

在本练习中，将渲染一把吉他。

本练习将应用以下技术：

- 配置。
- 渲染所有配置。
- 渲染序列。

项目说明：本练习的任务是创建与所提供图片中显示的颜色相匹配的配置。

操作步骤

步骤 1　打开文件　从 Lesson06\Exercises 文件夹内打开 "guitar" 文件，如图 6-29 所示。

步骤 2　最终结果　使用本章讲解的技能创建如图 6-30 所示的四种配置，并使用队列进行渲染。

图 6-29　打开文件

图 6-30　最终结果

步骤 3　保存并关闭文件

第7章　动画和分组

- 创建零件组
- 制作旋转动画
- 使用多个移动零件创建关键帧动画
- 输出运动模糊渲染

7.1　概述

前面几章只创建了静态图像，但 SOLIDWORKS Visualize Professional 也能够创建动画。在本章中，将创建两个动画和一个运动模糊图像。第一个动画将显示零部件的旋转，第二个动画将显示整个装配体的移动。

7.1.1　项目说明

本章将以铰接式斜切锯为示例，首先创建一个代表防护网装配体的零件组，然后向上移动防护网，再设置旋转动画以显示锯片的旋转。最后讲解如何从动画创建视频。接下来，将创建一个运动模糊图像，显示静态图像中的运动。最后创建一个关键帧动画，显示铰接式斜切锯的完整运动。

7.1.2　设计流程

主要操作步骤如下：
1. **对零件分组**　将零件组合在一起，会使一次移动多个零件变得更加容易。
2. **创建动画**　用户可以创建几种类型的动画，这些动画都是为了展示运动。
3. **输出动画**　制作视频时，动画一次渲染一帧。动画输出选项会控制动画中的哪些帧被发送到视频以及每帧的渲染方式。
4. **启用运动模糊**　可以通过运动模糊来显示静态图像中的运动效果。
5. **添加关键帧动画**　当多个零部件相对于彼此移动时，需要使用关键帧动画。

7.2　组

如在"2.4　结构和组织"中所述，零件组织为组，组再组织到模型中。可以在导入过程中确定结构，也可以通过【创建新组】、【取消分组零件】和【将零件移动到组】命令对其进行重组。通常在对零件的集合进行【移动】 ⚒、【缩放】 ⚒ 或【枢轴】 ⚒ 操作时会创建组。

知识卡片	添加到新组	● 调色板：选择多个零件或组，单击【常规】/【添加到新组】。 ● 调色板：右键单击一个或多个零件或组，选择【编辑】/【添加到新组】。
	取消分组零件	● 调色板：右键单击一个或多个组，选择【编辑】/【取消分组零件】。
	将零件移动到组	● 调色板：拖动一个或多个零件到已存在的组。 ● 调色板：右键单击一个或多个零件，选择【编辑】/【将零件移动到组】。

操作步骤

步骤 1　打开文件　从 Lesson07\Case Study 文件夹内打开"Miter Saw"文件，如图 7-1 所示。

图 7-1　打开文件

步骤 2　查看结构　单击【模型】⬡选项卡查看模型的结构。在"Root"组内存在三个没有被分组的零件，这些零件对应于锯片周围的防护装置，如图 7-2 所示。

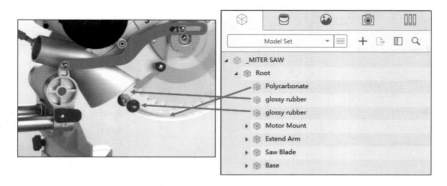

图 7-2　查看结构

步骤 3　对零件分组　按住 <Ctrl> 键并选择如图 7-3 所示的两个零件，单击【添加到新组】。

步骤 4　命名组　单击刚才创建的组并单击【常规】选项卡，输入【名称】为"Guard"，如图 7-4 所示。

75

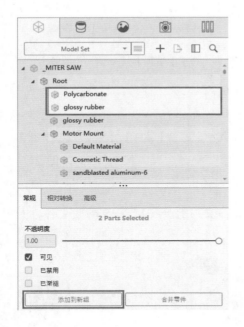

图 7-3　分组零件　　　　　　　　　　　　　图 7-4　命名组

步骤 5　移动零件到组　拖动第三个零件到"Guard"组内，如图 7-5 所示。

步骤 6　创建枢轴点　单击【组】 选择工具，在【对象操作工具】中单击【枢轴】 ，选择"Guard"组，出现三重轴，如图 7-6 所示。

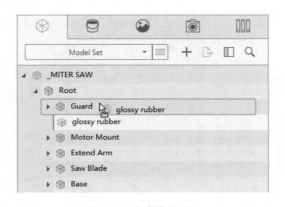

图 7-5　移动零件到组　　　　　　　　　　　图 7-6　创建枢轴点

步骤 7　定位枢轴点　使用三重轴将枢轴点移动到防护装置的旋转轴处（该位置是螺钉将防护罩固定的位置），如图 7-7 所示。

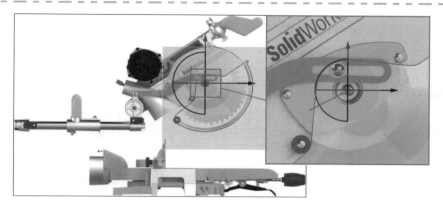

图 7-7　定位枢轴点

> 提示　　　从左视图中放置枢轴点可能会较为简单。此外，正交相机视角类型可以使视图更容易被看到。

步骤 8　向上移动防护罩　确保选中"Guard"，并单击【移动】 ♨。使用三重轴向上移动"Guard"，如图 7-8 所示。

图 7-8　向上移动防护罩

7.3　动画

SOLIDWORKS Visualize Professional 能够创建动画（视频）以显示移动。该移动可以是旋转对象（旋转动画）、相对于彼此移动零部件（关键帧动画）或通过布景移动相机（相机动画）等形式。

7.3.1　旋转动画

旋转动画是一种独特的动画类型，其中指定的零部件围绕枢轴点旋转。旋转动画通常用于显示旋转的车轮和风扇等内容。旋转也可应用于相机，该内容将在后续的章节中介绍。

知识卡片	添加旋转动画	● 快捷菜单：右键单击零件、组或模型，选择【动画】/【添加旋转动画】。

7.3.2 动画时间轴和控件

　　创建动画后，将显示动画时间轴（动画时间轴也可以通过【视图】下拉菜单中的命令来显示或隐藏）。动画时间轴有五个主要部分：基本动画控件、高级动画控件、动画特性、动画列表和时间轴，如图 7-9 所示。

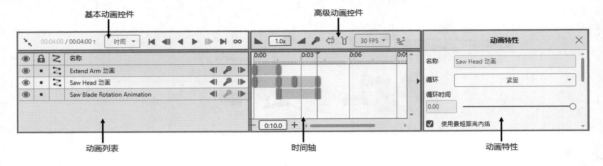

图 7-9　动画时间轴和控件

　　1. 基本动画控件　基本动画控件部分包含用于控制动画的基本功能，例如【播放】▶ 和【暂停】❚❚ 等。

　　2. 高级动画控件　高级动画控件部分包含用于控制动画播放速度和帧速率的功能。此外还有一些工具可以操作时间轴。

　　3. 动画特性　右键单击动画列表中的动画并选择【编辑动画】或双击动画时，【动画特性】将显示在动画时间轴的右侧。这些特性可控制对象随时间移动的方式。

　　4. 动画列表　动画列表显示组成动画的部件。【锁定动画】🔒 可用于防止编辑指定的部件。

　　5. 时间轴　时间轴以关键帧的形式显示了动画的时间。可以通过沿时间轴拖动滑块来控制动画。

　　步骤 9　旋转动画　右键单击 "Saw Blade" 组，选择【动画】/【添加旋转动画】，如图 7-10 所示。

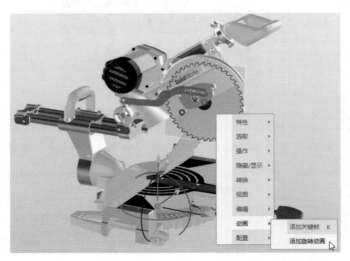

图 7-10　旋转动画

提示 现在可以看到时间轴视图。

步骤 10　**播放动画**　单击【预览】◯模式（在预览模式下查看动画会更加容易）。单击【播放】▶，锯片没有以正确的方向旋转，如图 7-11 所示。单击【暂停】❚❚。

步骤 11　**更改旋转轴**　双击"Saw Blade Rotation Animation"的时间键，将出现【动画特性】窗口。在【旋转轴】内选择【X】，如图 7-12 所示。

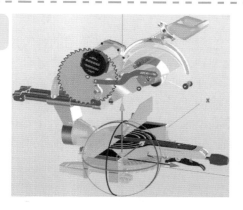

图 7-11　播放动画

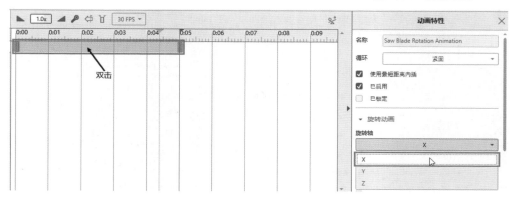

图 7-12　更改旋转轴

步骤 12　**播放动画**　单击【播放】▶，锯片绕枢轴点旋转，该枢轴点不在锯片的中心，如图 7-13 所示。单击【开始】◀，将当前时间放置到动画的开始位置。

步骤 13　**定位枢轴点**　单击【组】选择工具，单击【枢轴】对象操作工具。单击"Saw Blade"组，在调色板中单击【转换】选项卡，在【枢轴中心】内单击【组】，如图 7-14 所示。

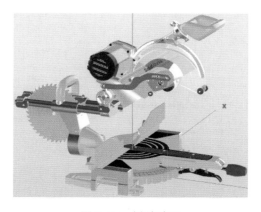

图 7-13　播放动画

图 7-14　定位枢轴点

步骤 14　**播放动画**　单击【播放】▶，锯片旋转正确。单击【开始】◀。

7.4 动画输出

当设置动画后，可以使用动画输出工具将其转换为视频。视频是将单独的图像组合在一起而形成的。因此要创建视频，必须为每帧执行渲染。在动画【输出工具】窗口中有两个选项卡：【动画选项】和【渲染选项】，如图 7-15 所示。【动画选项】用于控制视频的输出，而【渲染选项】用于控制每个渲染帧的设置。

提示 👆 除了创建的视频外，程序还会输出每帧的静止图像并将其放置在指定的【输出文件夹】的子文件夹中。

知识卡片	动画	● 工具栏:【输出工具】⊘ /【动画】▦。 ● 下拉菜单：单击【工具】/【渲染】/【动画】。

图 7-15　动画输出

80

步骤 15　动画输出设置　从工具栏中单击【输出工具】⊘，单击【动画】▦。请注意可用的【动画选项】以及【渲染选项】，如图 7-16 所示。单击【闭合】。此视频已经创建，可从 Lesson07\Case Study 中打开"Miter Saw Rotation Animation.mp4"进行观看。

⚠ 注意 此动画大约需要一个小时才能渲染完成，因此现在不执行创建动画的任务。

图 7-16　动画输出设置

7.5　运动模糊

运动模糊是一种在静止图像中显示运动的方法。运动模糊是在真实世界中发生的状态，经常会出现在照片中。当照片中的物体在曝光过程中发生移动时就会出现条纹（模糊）。在 SOLIDWORKS Visualize 中创建具有运动模糊图像的过程是从动画开始的，然后在【相机】中指定【启用运动模糊】，最后再创建渲染。

知识卡片	运动模糊	● 调色板：在【相机】[◉]选项卡的【高级】选项卡中设置【启用运动模糊】。

步骤 16　提高锯片旋转速度　将滑块拖动至 0.5s 处，如图 7-17 所示。这是通过限制锯片旋转 360° 的时间来有效地提高旋转速度。

步骤 17　启用运动模糊　单击【相机】[◉]选项卡，单击【高级】选项卡，勾选【启用运动模糊】复选框。拖动【快门时间】滑块到大概 20ms 处（此参数控制模拟曝光的时间），如图 7-18 所示。

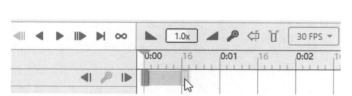

图 7-17　提高锯片旋转速度　　　　　　　　　图 7-18　启用运动模糊

步骤 18　查看输出　运动模糊渲染比传统渲染耗费的时间更长，因此此时不执行渲染操作。取消勾选【启用运动模糊】复选框以使其关闭。从 Lesson 07\Case Study 中打开 "Miter Saw Motion Blur.tif" 查看输出，如图 7-19 所示。

图 7-19　查看输出

步骤 19　删除旋转动画　下面将创建一个包含多个移动零件的新动画。首先删除已经创建的旋转动画，在动画列表中右键单击"Saw Blade Rotation Animation"，然后选择【删除选定动画】，如图 7-20 所示。

图 7-20　删除旋转动画

7.6　关键帧动画

关键帧动画是一种零部件可以相对于彼此旋转和平移的动画。要创建关键帧动画，必须首先将模型定位在起始位置，在 0s 处创建关键帧。然后在时间轴内进一步移动时间，再通过移动零件和组再次定位模型，并创建另一个关键帧。播放动画时，随着时间沿时间轴移动，零部件在起始位置和结束位置之间移动。

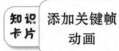 添加关键帧动画	● 快捷菜单：零部件移动后，右键单击零件、组或模型，选择【动画】/【添加关键帧动画】。

● 自动关键帧　【添加关键帧动画】是一种添加关键帧的方法。如果【自动关键帧】命令处于激活状态，并且该零部件在时间轴中处于活动状态（即已经创建了该零件的初始关键帧），则在零部件移动后，系统将自动创建关键帧。

自动关键帧	● 时间轴：在高级动画控件中单击【自动关键帧】🔑。

步骤 20　组织组　单击【组】选择工具，将"Extend Arm"和"Base"组拖动到与"Root"组相同的级别，如图 7-21 所示。

步骤 21　重命名"Root"组　单击"Root"并单击【常规】选项卡，更改【名称】为"Saw Head"，结果如图 7-22 所示。

图 7-21　组织组　　　　　　　　　图 7-22　重命名"Root"组

82

步骤 22　**放置枢轴点**　选择"Saw Head"组，单击【枢轴】⚙对象操作工具，按图 7-23 所示放置枢轴点。

步骤 23　**添加关键帧**　按住 <Ctrl> 键并选择"Extend Arm"组和"Saw Head"组，单击【动画】/【添加关键帧】，如图 7-24 所示。两个关键帧被添加，结果如图 7-25 所示。

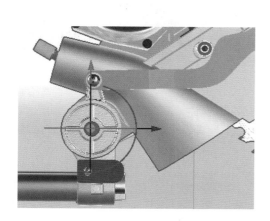

图 7-23　放置枢轴点

图 7-24　添加关键帧

图 7-25　查看结果

步骤 24　**拖动时间轴**　拖动"结束时间轴栏"（红色标志）到 4s，拖动"当前时间轴栏"（黄色标志）到 1.5s。确保【自动关键帧】🔑已经激活，如图 7-26 所示。

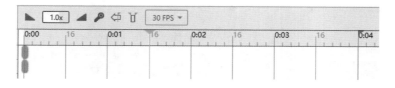

图 7-26　拖动时间轴

步骤 25　**移动"Saw Head"和"Extend Arm"**　保持两个组仍然处于选中状态，单击【移动】⚙。移动"Saw Head"和"Extend Arm"，如图 7-27 所示。

提示👆　　　由于【自动关键帧】🔑处于激活状态，因此程序将会自动创建关键帧。

步骤 26　**向下旋转"Saw Head"**　拖动"当前时间轴栏"（黄色标志）到 2.5s，选择"Saw Head"组并单击【移动】⚙，向下旋转"Saw Head"组，如图 7-28 所示。

83

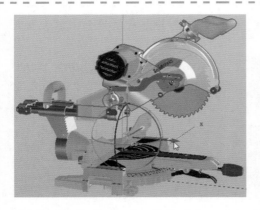

图 7-27 移动 "Saw Head" 和 "Extend Arm"

图 7-28 向下旋转 "Saw Head"

步骤 27 通过复制关键帧将 "Saw Head" 向上移动 右键单击 "Saw Head" 1.5s 处的关键帧，选择【复制关键帧】，如图 7-29 所示。将复制的关键帧拖动到 4s 处。拖动时间轴以查看动画中 "Saw Head" 的移动。

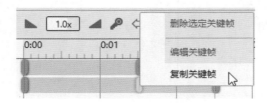

图 7-29 复制关键帧

步骤 28 添加旋转动画 右键单击 "Saw Blade" 组，选择【动画】/【添加旋转动画】。将【旋转轴】设置为【X】方向，拖动关键帧到如图 7-30 所示位置。

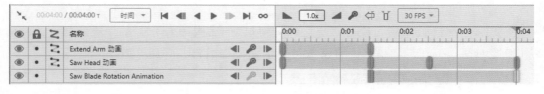

图 7-30 添加旋转动画

步骤 29 播放动画 单击【播放】▶。

步骤 30 保存并关闭文件 为方便学习，在 Lesson07\Case Study 中已提供了完成的动画，可打开并播放 "Miter Saw Animation.mp4" 文件。

练习 7-1 冷却器动画

本练习将继续讲解创建关键帧动画和旋转动画的技能。动画通常比静态图像更具有吸引力，特别是当产品的可移动零部件具有明显特色时。

本练习将应用以下技术：

- 组。

84

- 旋转动画。
- 动画特性。
- 时间轴。
- 关键帧动画。
- 自动关键帧。

项目说明：在本练习中，将为冷却器创建动画。本练习的任务是显示冷却器前端大手柄的上下移动以及显示轮子的旋转。

操作步骤

步骤 1　打开文件　从 Lesson07\Exercises 文件夹内打开"Cooler_Animation"文件，如图 7-31 所示。

步骤 2　重新分组　冷却器有两个轮子，每个轮子都有自己的组。创建一个名为"Wheels"的新组，并将两个轮子零件放入其中。重命名零件为"Right Wheel"和"Left Wheel"，如图 7-32 所示。

图 7-31　打开文件

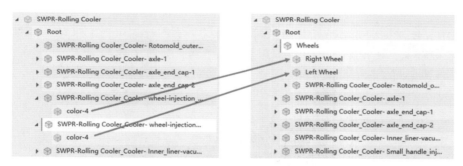

图 7-32　重新分组

85

步骤 3　放置枢轴点　将枢轴点放置在"Wheels"组的中心，如图 7-33 所示。
步骤 4　旋转动画　在"Wheels"组上创建旋转动画，如图 7-34 所示。
步骤 5　更改旋转轴　更改旋转轴，使轮子以正确的方向旋转。
步骤 6　放置大手柄枢轴点　将大手柄的枢轴点放在其旋转轴上，如图 7-35 所示。

图 7-33　放置枢轴点　　　　图 7-34　旋转动画　　　图 7-35　放置大手柄枢轴点

步骤 7　创建关键帧动画　在动画开始位置为"Large Handle"组创建关键帧动画。

步骤 8　复制关键帧　右键单击刚刚创建的关键帧，然后选择【复制关键帧】，如图 7-36 所示。

图 7-36　复制关键帧

步骤 9　拖动关键帧滑块　将刚创建的关键帧滑块拖动到 3s 处，如图 7-37 所示。

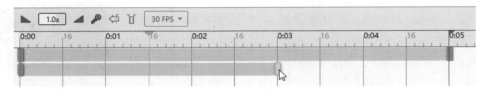

图 7-37　拖动关键帧滑块

步骤 10　新建关键帧　拖动"当前时间轴栏"（黄色标志）到 1.5s 处，确保【自动关键帧】🔑已经激活，使用【对象操作工具】旋转手柄，如图 7-38 所示。

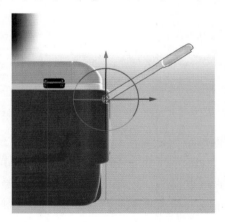

图 7-38　旋转手柄

步骤 11　拖动开始关键帧　拖动旋转动画的开始关键帧滑块到 3s 处，如图 7-39 所示。

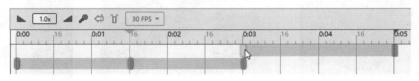

图 7-39　拖动开始关键帧

步骤 12　播放动画　动画应该从手柄的上下运动开始播放，然后轮子开始旋转。
步骤 13　保存并关闭文件

练习 7-2　卷笔刀爆炸动画

在本练习中，将创建卷笔刀的动画。

本练习将应用以下技术：

- 组。
- 时间轴。
- 关键帧动画。
- 自动关键帧。

项目说明：在本练习中，将创建动画以显示卷笔刀的爆炸视图。现有的动画视频已经存在，本练习的任务是按照视频中的内容创建动画。

操作步骤

　　步骤 1　打开文件　从 Lesson07\Exercises 文件夹内打开 "pencil_sharpener_explode" 文件，如图 7-40 所示。打开 "pencil_sharpener_explode_complete" 视频文件进行观看。

图 7-40　打开文件

　　步骤 2　最终结果　使用本章讲解的技能创建视频中的动画，如图 7-41 所示。

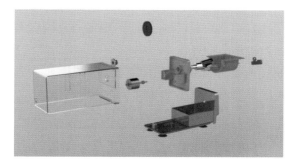

图 7-41　最终结果

> 提示　如果遇到困难，可以从 Lesson07 \ Exercises 文件夹内打开 "pencil_sharpener_explode_complete.svpj" 文件查看完成的动画。

　　步骤 3　保存并关闭文件

第8章 相机动画

学习目标
- 使用三重轴来操纵相机的位置和方向
- 创建相机动画
- 编辑关键帧特性

8.1 概述

在"第7章 动画和分组"中创建了一个动画，其中模型中的零部件相对于彼此移动。在本章中，将创建另一个动画，其中模型会保持在原位置而相机发生移动。

8.1.1 项目说明

在本章中，将创建一个房间的动画。首先使用三重轴工具将相机从房间中心移动到其中一个角落，然后创建相机移动的动画，以允许用户从四个角落中的每个角落查看房间。最后，通过转换设置来操纵相机在空间内的移动。

8.1.2 设计流程

主要操作步骤如下：

1. 创建带三重轴的相机运动 通过传统的缩放、平移和旋转命令，可以在相机处于活动状态时移动相机。

2. 创建相机动画 相机动画是相机在布景中移动的动画。

3. 转换 转换控制动画零部件在动画控标处的变化率。

扫码看视频

操作步骤

步骤 1 **打开文件** 从 Lesson08\Case Study 文件夹内打开"TV_Room"文件。

步骤 2 **复制和粘贴"Center Camera"** 单击【相机】📷选项卡，选择"Center Camera"。使用复制和粘贴功能创建"Center Camera"的副本。在【常规】选项卡内更改【名称】为"Animation Camera"。

步骤 3 **查看"Animation Camera"** 隐藏天花板以查看房间的内部。激活"默认相机"，单击【预览】⬤模式。单击【模型】⬢选项卡，浏览到 Full TV Room/Root/ tv room-1/ ceiling，右键单击"ceiling"，选择【隐藏/显示】/【隐藏】。结果如图 8-1 所示。

图 8-1 查看"Animation Camera"

8.2　带三重轴的相机运动

在"第 1 章　CAD 到 SOLIDWORKS Visualize"中,讲解了【缩放】🔍、【平移】✛和【旋转】⟳命令。这些工具用于在视窗中操纵激活的相机。在"第 4 章　相机"中,讲解了能更加精确放置相机的工具,例如【位置 XYZ】。除了这些工具之外,还可以使用【对象操作工具】放置【相机】。

8.2.1　定位相机

可以使用【枢轴】▲命令操纵相机的位置。其工作原理是首先在调色板中选择相机,然后使用【枢轴】命令来定位相机的位置。但无法使用【枢轴】命令旋转相机。

8.2.2　定位视图

可以通过【移动】▲命令控制相机的方向。此命令与【枢轴】命令的工作方式相同,不同之处在于【移动】命令并不是移动相机的位置,而是控制焦点的位置。

步骤 4　移动 "Animation Camera"　单击【相机】📷选项卡,选择 "Animation Camera"而不激活它。单击【转换】选项卡,在【位置 XYZ】内输入 "−1.8""1.7" 和 "0"。单击【移动】▲,使用三重轴将相机的焦点定位到最左侧的角落,如图 8-2 和图 8-3 所示。

图 8-2　移动 "Animation Camera"　　　　　图 8-3　从 "Animation Camera" 查看

8.3　相机动画

创建相机动画类似于创建传统动画。首先指定初始的关键帧,然后在时间轴内移动时间并重新定位相机,最后将另一个关键帧添加到时间轴。

当相机在关键帧之间移动时,将使用彩色路径跟踪相机的移动。当路径为红色时,表示相机减速移动。当路径为绿色时,表示相机加速移动。

知识卡片	相机动画	● 调色板:右键单击一个相机,选择【添加关键帧】。

步骤 5　添加关键帧　右键单击 "Animation Camera",选择【添加关键帧】,如图 8-4 所示。出现时间轴视图。

步骤 6　创建动画　拖动 "结束时间轴栏"（红色标志）到 6s 处,拖动 "当前时间轴栏"（黄色标志）到 2s 处。确保【自动关键帧】🔑已经激活,如图 8-5 所示。

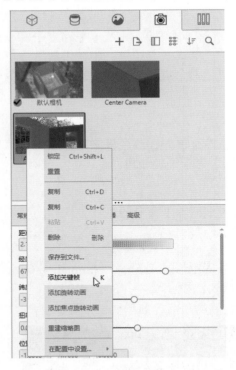
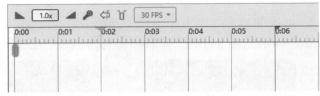

图 8-4　添加关键帧　　　　　　　　　　　　　　　　图 8-5　创建动画

步骤 7　移动相机　选择 "Animation Camera" 而不激活它。单击【转换】选项卡，在【位置 XYZ】内输入 "−1.8"" 1.7" 和 "−1.2"。单击【移动】，使用三重轴将相机的焦点定位在窗户和电视之间，如图 8-6 和图 8-7 所示。

图 8-6　移动相机　　　　　　　　　　　图 8-7　在 2s 处从 "Animation Camera" 查看

步骤 8　创建第三个关键帧　拖动 "当前时间轴栏"（黄色标志）到 4s 处，在【位置 XYZ】内输入 "1.5""1.7" 和 "−1.2"。使用三重轴将相机的焦点定位在门上，如图 8-8 所示。

步骤 9　创建第四个关键帧　拖动 "当前时间轴栏"（黄色标志）到 6s 处，在【位置 XYZ】内输入 "1.5"" 1.7" 和 "0.8"。使用三重轴将相机的焦点定位到房间的角落，如图 8-9 所示。

图 8-8 创建第三个关键帧

图 8-9 创建第四个关键帧

 提示

请注意相机路径是如何变化的。

8.4 关键帧特性

【关键帧特性】用于控制在时间轴栏通过关键帧时动画中的运动，在【关键帧特性】中有几个可用的参数。

1. 时间点 此参数控制关键帧的时间。

2. 过渡 【过渡】控制通过关键帧时的运动类型。对于每个关键帧，存在两个过渡。第一个控制进入关键帧的运动，第二个控制从关键帧出来的运动。有四种可用的【过渡】选项，包括：【线性】、【平展】、【光顺】和【保持】。

- 线性 在关键帧之间插入 3D 直线。
- 平展 在关键帧之间插入 2D 直线。
- 光顺 在关键帧之间插入曲线。
- 保持 在关键帧持续的时间内冻结对象。

3. 张度 此参数控制所选关键帧的传入（内）和传出（外）运动的曲率。

4. 渐进运动 在动画进入（内）或退出（外）所选关键帧时加快或减慢动画。

知识卡片	关键帧特性	● 快捷菜单：右键单击一个关键帧，选择【编辑关键帧】。 ● 快捷菜单：双击一个关键帧。

步骤 10 **设置关键帧特性** 双击 2s 处的关键帧，【关键帧特性】窗口打开。在【过渡】中设置【内】为【保持】，如图 8-10 所示。

步骤 11 **设置其他关键帧** 为 4s 和 6s 处的关键帧重复步骤 10 中的操作。

提示

请注意路径的颜色在编辑【过渡】时是如何变化的。

步骤 12　播放 "Animation Camera" 动画　单击【播放】▶，相机开始移动。激活 "Animation Camera" 以第一视角查看动画，如图 8-11 所示。

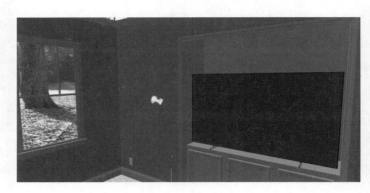

图 8-10　设置关键帧特性　　　　　　图 8-11　播放 "Animation Camera" 动画

步骤 13　保存并关闭文件

练习 8-1　吉他

相机动画非常适合展示模型的各种角度。在本练习中，将创建一个相机动画来展示吉他。本练习将应用以下技术：

- 景深。
- 相机动画。
- 关键帧特性。

项目说明：本练习的任务是创建视频来展示吉他。为此，将创建一个相机动画，在动画中移动相机以从不同角度展示吉他。为了使动画更有趣，还将使用景深功能。

操作步骤

步骤 1　打开文件　从 Lesson08\Exercises 文件夹内打开 "Guitar" 文件，如图 8-12 所示。

步骤 2　启用景深　勾选【启用景深】复选框，并将焦点对准吉他前方的位置，将【光圈】设置为 "11.45"，如图 8-13 所示。

图 8-12　打开文件　　　　　　　　图 8-13　启用景深

步骤 3　创建相机动画　使用模型的当前视图创建第一个关键帧，如图 8-14 所示。

图 8-14　创建相机动画

步骤 4　复制第一个关键帧　复制第一个关键帧，如图 8-15 所示，并将复制的关键帧拖放到 15s 处，如图 8-16 所示。

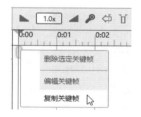

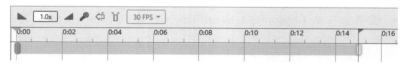

图 8-15　复制第一个关键帧　　　　图 8-16　放置复制的关键帧

步骤 5　新建关键帧　在相机聚焦的情况下，在 5s 处创建一个新的关键帧，如图 8-17 所示。

步骤 6　在过渡时重新聚焦　将时间轴拖动到稍微少于 2s 处，如图 8-18 所示。图像将在焦点外显示。使用【景深】下的【选取】功能可以在此时聚焦吉他框架，如图 8-19 所示。确保【自动关键帧】已经开启。

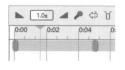
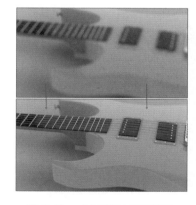

图 8-17　新建关键帧　　　图 8-18　拖动时间轴　　　图 8-19　在过渡时重新聚焦

提示　　在整个过渡过程中，吉他的一部分应保持在焦点内。

步骤 7　新建关键帧　在相机聚焦的情况下，在 10s 处创建一个新的关键帧，如图 8-20 所示。

步骤 8　设置关键帧特性　在 5s、10s 和 15s 处的关键帧中创建【保持】的关键帧内过渡，如图 8-21 所示。

图 8-20　新建关键帧

图 8-21　设置关键帧特性

步骤 9　**播放动画**　渲染此动画需要较长的时间，所以文件夹内已经提供了完成的动画视频。可从 Lesson08 \ Exercises 文件夹内打开"Guitar_Camera_Animation"文件进行查看。

步骤 10　保存并关闭文件

练习 8-2　卷笔刀相机动画

在本练习中，将创建卷笔刀的动画。

本练习将应用以下技术：

● 相机动画。

● 关键帧特性。

项目说明：在本练习中，将创建相机动画以从不同的角度显示卷笔刀。现有的动画视频已经存在，本练习的任务是按照视频中的内容制作动画。

94

操作步骤

步骤 1　**打开文件**　从 Lesson08\Exercises 文件夹内打开"pencil_sharpener"文件，如图 8-22 所示。打开"pencil_sharpener_complete"视频进行观看。

步骤 2　**创建相机动画**　使用本章讲解的技能创建卷笔刀相机运动视频中的动画。

> 提示
>
> 　　如果遇到困难，可以从 Lesson08 \ Exercises 文件夹中打开"pencil_sharpener_complete. svpj"文件查看完成的动画。

图 8-22　打开文件

步骤 3　保存并关闭文件

第9章　布景和外观动画

学习目标

● 创建布景动画
● 创建外观动画

9.1　概述

扫码看视频

布景和外观可以像相机、零件和组一样进行动画处理。但当创建布景或外观动画时，通常会显示光源和颜色的变化效果。例如，环境可以变暗，可以移动聚光源或者打开或关闭设备上的 LED 灯。

9.1.1　项目说明

在本章中，将创建一个 10s 的跑车动画。动画将以光线充足的布景开始，然后环境在 9s 的时间内逐渐变暗，看起来好像太阳快速落山。在动画的 6s 标记处，汽车的车灯将亮起（车灯具有发光的外观，亮度会随动画而变化）。

9.1.2　设计流程

主要操作步骤如下：

1. 创建布景动画　光源、HDR 环境和日光环境都可以被设置为动画。

2. 创建外观动画　外观动画可以显示颜色、透明度、亮度以及许多其他参数的变化。

9.2　布景动画

布景的许多方面都可以创建动画，包括光源、HDR 环境和日光环境（背板是唯一无法创建动画的布景类型）。创建布景动画的过程与创建其他类型的动画非常相似。在时间轴上的不同点处创建具有特殊属性的布景关键帧。在动画播放时，布景会在关键帧之间插入属性。

知识卡片	布景动画	● 调色板：右键单击一个布景，选择【添加关键帧】。

操作步骤

　　步骤 1　打开文件　从 Lesson09\Case Study 文件夹内打开"Sports_Car"文件，如图 9-1 所示。

　　步骤 2　添加关键帧　单击【布景】⊙选项卡，右键单击"Auto Photo Studio"并选择【添加关键帧】，如图 9-2 所示。时间轴视图出现。

图 9-1　打开文件　　　　　　　　　图 9-2　添加关键帧

　　步骤 3　创建 10s 动画　拖动"结束时间轴栏"（红色标志）到 10s 处，拖动"当前时间轴栏"（黄色标志）到 9s 处。确保【自动关键帧】🔑已经激活，如图 9-3 所示。

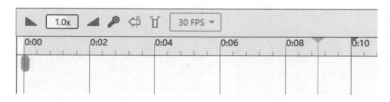

图 9-3　创建 10s 动画

　　步骤 4　降低环境亮度　确保"Auto Photo Studio"环境仍处于选中状态。单击【常规】选项卡，在【明暗度】内输入"0.05"，如图 9-4 所示。

图 9-4　降低环境亮度

步骤 5　查看时间轴变化　来回拖动"当前时间轴栏"（黄色标志），查看环境是如何变暗的，如图 9-5 所示。

图 9-5　查看时间轴变化

9.3　外观动画

外观可以设置为动画，以显示颜色、亮度等级和透明度的更改。创建外观动画的过程与创建其他类型的动画非常相似。在时间轴上的不同点处创建具有特殊属性的外观关键帧。在动画播放时，外观会在关键帧之间插入属性。

知识卡片	外观动画	● 调色板：右键单击一个外观，选择【动画】/【添加关键帧】。

步骤 6　创建前照灯外观动画　拖动"当前时间轴栏"（黄色标志）到 0s 处，单击【外观】选项卡，右键单击"white led"（此外观控制前照灯），选择【动画】/【添加关键帧】，如图 9-6 所示。

步骤 7　创建雾灯和制动灯外观动画　按照步骤 6 进行操作，控制雾灯和制动灯的外观，如图 9-7 和图 9-8 所示。

步骤 8　调整前照灯明暗度　拖动"当前时间轴栏"（黄色标志）到 6s 处，选择"white led"外观，在【明暗度】内输入"120"。

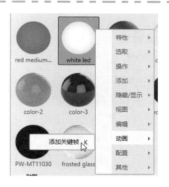

图 9-6　创建前照灯外观动画

图 9-7　雾灯和制动灯

图 9-8　雾灯和制动灯动画

提示　　目前车头前照灯的亮度是逐渐增加的。下面将通过【关键帧特性】使其看起来像在 6s 处突然亮起来。

步骤 9　保持关键帧　双击"white led"的第一个关键帧，【关键帧特性】窗口打开。在【过渡】内设置【外】为【保持】，如图 9-9 所示。

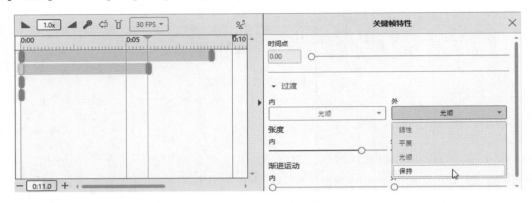

图 9-9　保持关键帧

步骤 10　打开雾灯和制动灯　按照步骤 8 和步骤 9 中的操作，应用雾灯和制动灯的外观，并将雾灯外观的【明暗度】增加到"4"，将制动灯外观的【明暗度】增加到"20"。

步骤 11　查看动画中的灯光　来回拖动"当前时间轴栏"（黄色标志），查看动画是如何渲染的，如图 9-10 所示。

步骤 12　播放动画　可从 Lesson09\Case Study 文件夹打开"Sports_Car . mp4"视频，查看动画。

步骤 13　保存并关闭文件

图 9-10　查看动画中的灯光

练习 9-1　吉他颜色

外观动画可用于显示多种颜色的产品。在本练习中将创建一个动画，以显示两种颜色（浅蓝色和红色）的吉他。

本练习将应用以下技术：
- 布景动画。
- 外观动画。
- 相机动画。
- 关键帧特性。

项目说明：在本练习中，将创建一个吉他动画。在动画中，吉他的颜色将从浅蓝色变为红色。现有的动画视频已经存在，本练习的任务是按照视频中的内容制作动画。

操作步骤

步骤 1　打开文件　从 Lesson09\Exercises 文件夹内打开"guitar"文件，如图 9-11 所示。

步骤2　**播放动画**　打开 Lesson09\Exercises 文件夹中的"Guitar Color"视频。视频是以浅蓝色的吉他开始的，布景逐渐变暗。随着布景逐渐消失，吉他变为红色。整个动画中都有相机的移动。

步骤3　**重新创建动画**　使用本章讲解的技能按照视频中的内容制作动画。

图 9-11　打开文件

　提示　　如果遇到困难，可以从 Lesson09 \ Exercises 文件夹内打开"guitar complete.svpj"文件进行查看。

步骤4　**保存并关闭文件**

练习 9-2　视频贴图

在"第 3 章　贴图"中，讲解了如何创建贴图来渲染静态图像。但也可以将视频作为贴图应用于动画的创建中。在本练习中，将创建一个动画贴图来表示电视屏幕。

本练习将应用以下技术：
- 贴图特征。
- 贴图映射。
- 动画。

项目说明：在本练习中，将创建播放视频的电视动画。为此需要添加贴图，但该贴图不是静态图像，而是 MP4 视频文件。在视频贴图放置在模型上后，再创建一个动画。

操作步骤

步骤1　**打开文件**　从 Lesson09\Exercises 文件夹内打开"TV_Room"文件。打开并播放"Car Driving"视频，如图 9-12 所示。关闭视频。

图 9-12　播放视频

提示 👆 汽车驾驶的动画将在"第 11 章 仿真"中创建。

步骤 2 隐藏天花板 激活"默认相机"。单击【预览】●模式，单击【模型】⬡选项卡，浏览到 Full TV Room/Root/ tv room-1/ceiling，右键单击"ceiling"，选择【隐藏/显示】/【隐藏】，结果如图 9-13 所示。

步骤 3 添加贴图 单击【外观】🗄选项卡，单击【添加】➕/【新建贴图】/【视频】。浏览到 Lesson09\Exercises 文件夹，选择"Car Driving"并单击【打开】。

步骤 4 应用贴图 将贴图拖放到电视上，如图 9-14 所示。时间轴内将填充视频动画，如图 9-15 所示。

图 9-13 隐藏天花板

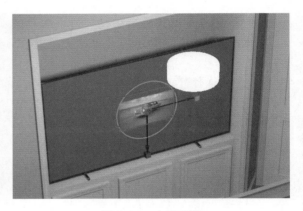

图 9-14 应用贴图

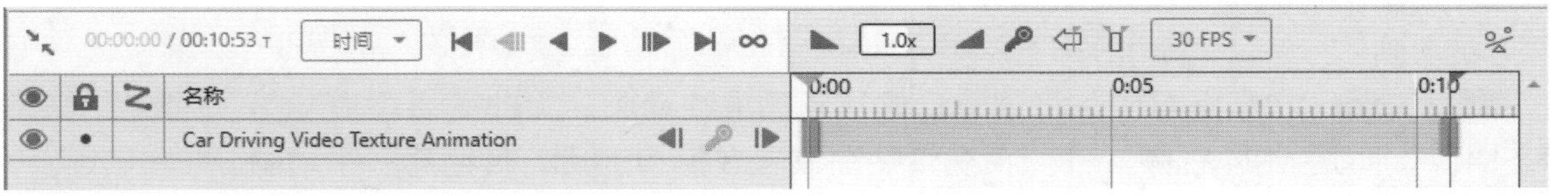

图 9-15 时间轴状态

步骤 5 调整贴图大小 使用控标调整贴图的大小，如图 9-16 所示。

步骤 6 显示天花板 显示"ceiling"零件。

步骤 7 激活中心相机 激活"Center Camera"相机。

步骤 8 观看视频 以【预览】模式播放动画。

步骤 9 观看渲染视频 该动画已经渲染，可在 Lesson09\Exercises 文件夹内打开"TV_Room.mp4"视频进行观看。

步骤 10 保存并关闭所有文件

图 9-16 调整贴图大小

第10章 替代输出

学习目标
- 设置转盘以创建旋转感
- 创建交互式图像以获取模型的多个视图
- 使模型的全景视图与浏览器中的内部空间进行交互
- 设计可以上传到社交媒体网站或用于创建虚拟现实体验的 360° 图像和视频

10.1 概述

对于在 SOLIDWORKS Visualize 中创建的大多数项目，最终目标是创建图像和视频。但 SOLIDWORKS Visualize 也能够创建其他输出，以提供更高水平的交互性和表现力。在本章中将讲解的替代输出包括转盘、交互式图像、全景视图和 360° 图像。

10.1.1 项目说明

本章包含两个示例。在第一个示例中，将打开已经部分完成的手表项目，先设置转盘，以在视窗中旋转手表，再创建一个动画。在手表仍然打开的情况下，创建一个交互式 HTML 文档，其中包含许多汇集在一起且具有不同角度的模型图像，也称为交互式图像。在第二个示例中，将打开一个房间模型并创建全景视图，最后创建 360° 图像。

10.1.2 设计流程

主要操作步骤如下：

1. **启用转盘** 可以使用转盘在视窗中旋转模型。

2. **创建交互式图像** 交互式图像是一个 HTML 文件，其以各种角度汇集了模型的许多视图。

3. **创建全景视图** 全景视图是一个 HTML 文件，其汇集了模型的六个渲染，提供了模型的内部交互式视图。

4. **创建 360° 图像** 360° 图像和视频通常用于社交媒体和 VR，以创造身临其境的体验感。

10.2 转盘

【转盘】提供了一种旋转模型的方法，可以创建独特且有趣的动态视图。可以直接从视窗中设置一种类型的转盘。另一种类型的转盘通过【输出工具】创建，可以生成旋转模型的视频。

10.2.1 视窗转盘

可以直接从工具栏中访问【转盘】命令，如图 10-1 所示。在激活【转盘】命令后，就可以使用转盘工具了。

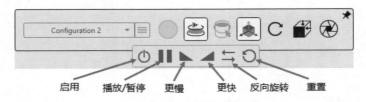

图 10-1　视窗转盘

 提示　　出于性能考虑，在启用视窗转盘时，建议将显示模式设置为【预览】。

知识卡片　视窗转盘　● 工具栏：【转盘】。

10.2.2 输出工具转盘

输出工具转盘用于创建模型旋转的完整渲染视频。转盘【输出工具】窗口中有两个选项卡，即【转盘选项】和【渲染选项】，如图 10-2 所示。【转盘选项】控制视频的输出，而【渲染选项】控制每个渲染帧的设置。

图 10-2　输出工具转盘

知识卡片	输出工具转盘	● 工具栏：【输出工具】/【转盘】。
		● 下拉菜单：单击【工具】/【渲染】/【转盘】。

操作步骤

步骤 1　**打开文件**　从 Lesson10\Case Study 文件夹内打开"Watch"文件，如图 10-3 所示。单击【预览】●模式。

步骤 2　**启用转盘**　从工具栏中单击【转盘】。单击【启用】后再单击【播放】▶。再次单击【启用】以关闭转盘。

步骤 3　**渲染转盘**　从工具栏中单击【输出工具】，单击【转盘】。完成此动画需要较长的时间，因此暂时不创建动画。单击【闭合】，如图 10-4 所示。

步骤 4　**播放视频**　此视频已经创建。可从 Lesson10\Case Study 中 打 开 "Watch_turntable.mp4" 视频进行观看，完成后关闭视频。

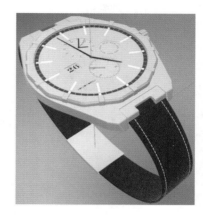

图 10-3　打开文件

图 10-4　渲染转盘

扫码看视频

10.3　交互式图像

交互式图像是一种 HTML 文件，其汇集了来自模型周围多个相机位置的静态图像。可以在

103

浏览器中单击并拖动模型，以从不同的角度查看模型。渲染在轨道和不同纬度的球形网格中捕获，如图 10-5 所示。

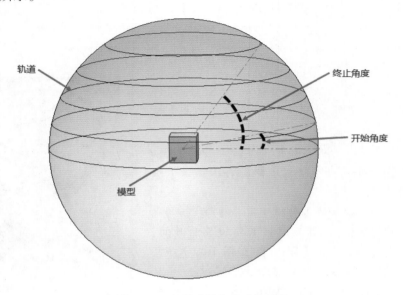

轨道

终止角度

开始角度

模型

图 10-5　交互式图像的渲染捕获

交互式图像输出的是 HTML 文件以及存放 HTML 文件所引用图像的文件夹。

1. **轨道**　此参数定义相机将渲染的横向高度数值。【轨道】参数包括【开始角度】轨道和【终止角度】轨道。

2. **每轨道图像数**　此参数定义将为每个轨道执行的渲染数。

3. **开始角度**　此参数定义最低轨道距离"赤道"的角度。

4. **终止角度**　此参数定义最高轨道距离"赤道"的角度。

> **知识卡片**　**交互式图像**
> - 工具栏：【输出工具】⊛/【渲染】◐/【输出模式】/【交互式图像】。
> - 下拉菜单：单击【工具】/【渲染】/【渲染】/【输出模式】/【交互式图像】。

> 　　步骤5　**渲染交互式图像**　从工具栏中单击【输出工具】⊛，单击【渲染】◐选项卡。在【文件名】中输入"Watch_Interactive_Output"。单击【输出模式】的下拉列表，选择【交互式图像】。设置【轨道】为"3"，【开始角度】为"15"，【每轨道图像数】为"36"，【终止角度】为"60"，如图 10-6 所示。单击【闭合】。
>
> 　　步骤6　**打开交互式图像**　从 Lesson10\Case Study 中打开"Watch.html"文件，如图 10-7 所示。可通过拖动来查看手表的视图。完成后，关闭浏览器。
>
> 　　步骤7　**保存并关闭文件**

图 10-6　渲染交互式图像　　　　　　　　　　图 10-7　打开交互式图像

10.4　全景视图

在感官上，全景视图类似于交互式图像，其输出的也是一种 HTML 文件，但全景视图用于渲染内部。其工作原理是拍摄一个图像立方体（从相同位置拍摄六张图像，相互成 90°），然后在浏览器中将这些图像拼接在一起，以在相机周围形成 360° 全景。

知识卡片	全景视图	● 工具栏:【输出工具】/【渲染】/【输出模式】/【全景】。
		● 下拉菜单: 单击【工具】/【渲染】/【渲染】/【输出模式】/【全景】。

10.5　阳光及其阴影算例

【阳光及其阴影算例】是一种动画，演示阳光照射的环境在一天中发生的变化。阳光算例在室内设计中较为有用。为了使用【阳光及其阴影算例】，必须先具有日光环境（有关日光环境的详细信息，请参考"5.3.2　日光环境"）。

知识卡片	阳光及其阴影算例	● 工具栏:【输出工具】/【阳光及其阴影算例】。
		● 下拉菜单: 单击【工具】/【渲染】/【阳光及其阴影算例】。

操作步骤

步骤 1　打开文件　从 Lesson10\Case Study 文件夹内打开"TV_ Room"文件，如图 10-8 所示。单击【预览】◯模式。

步骤 2　激活中心相机　单击【相机】◙选项卡，激活"Center Camera"，如图 10-9 所示。

扫码看视频

图 10-8　打开文件

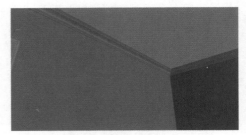

图 10-9　激活中心相机

> 提示　这台相机位于房间的中央，请勿重新调整相机的位置。

步骤 3　创建全景视图　从工具栏中单击【输出工具】⟳，在【输出模式】中选择【全景】。在【大小】中输入"4000"像素，在【渲染器选择】内单击【预览】◯，如图 10-10 所示。单击【启动渲染】，该过程需要几分钟才能完成。

图 10-10　创建全景视图

步骤 4　查看输出　在创建全景输出的过程中会创建一个文件夹。打开生成的文件夹，双击 "RunMe.exe"，如图 10-11 所示。

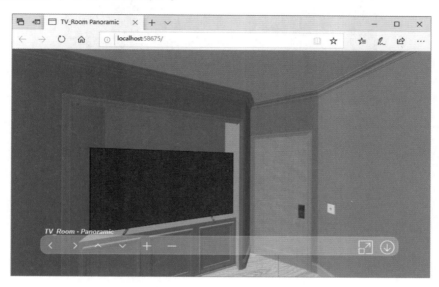

图 10-11　查看输出

提示　　可以通过按住鼠标左键并拖动来查看空间视图。

步骤 5　关闭浏览器　关闭查看全景视图的浏览器。

10.6　360 相机

360 相机用于创建虚拟现实内容的 360° 图像和视频，可以将此内容上传到社交媒体网站。360° 图像也可用于虚拟现实的设置中。360 相机可用于创建 HDR 环境，以将其用作 SOLID-WORKS Visualize 中的布景。

通过在每只眼睛上投射略微不同的图像，虚拟现实内容通常会显示得更加逼真。这些类型的渲染称为立体图像。SOLIDWORKS Visualize 提供了两种可以实现该类显示的方法：【双像立体】和【立体 Anaglyph】。

10.6.1　单像

单像是一个单一的图像，这类图像可以上传到社交媒体网站。此种输出类似于传统的 360 相机，如图 10-12 所示。

图 10-12　单像

10.6.2　双像立体

【双像立体】模式创建两个单独的图像，一个用于左眼，另一个用于右眼，如图 10-13 所示。这些图像专门用于虚拟现实的体验。

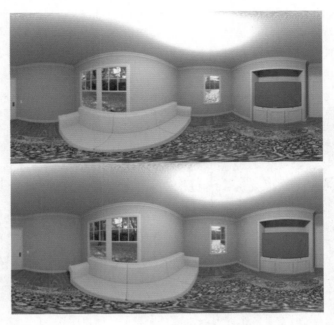

图 10-13　双像立体

10.6.3　立体 Anaglyph

【立体 Anaglyph】模式使用颜色过滤器（红色和青色，两种色彩相反的颜色）覆盖两个图像，以生成可以使用红色 / 青色立体眼镜查看的 3D 图像，如图 10-14 所示。

图 10-14　立体 Anaglyph

知识卡片	360 相机	● 调色板：在【相机】📷选项卡中选择一个相机，单击【常规】/【类型】/【360】。

　　步骤 6　复制和粘贴中心相机　单击【相机】📷选项卡，单击 "Center Camera"。使用复制和粘贴功能复制 "Center Camera"。在【常规】中设置【名称】为 "360 Camera"。

　　步骤 7　选择 360 类型　在【类型】内选择【360】，单击【快】⚫渲染器，如图 10-15 所示。

图 10-15 选择 360 类型

步骤 8 360 相机设置 单击【360】选项卡，在【模式】内选择【单声道】，如图 10-16 所示。

步骤 9 360 渲染 从工具栏中单击【输出工具】. 在【输出模式】内选择【渲染】，勾选【进行调整，以在社交媒体上播放虚拟现实】复选框。在【大小】内只有四个选项可用，这些尺寸是可以上传到社交媒体网站并可接受的 360° 图像尺寸，如图 10-17 所示。渲染完成后，可将此图像上传到社交媒体网站。单击【闭合】而不创建渲染。

步骤 10 保存并关闭文件

图 10-16 360 相机设置

图 10-17 360 渲染

练习　办公室

在本练习中，将以全景模式渲染办公室并创建阳光算例，以显示太阳光如何影响室内空间。

本练习将应用以下技术：

- 全景视图。
- 阳光及其阴影算例。

项目说明：本练习的任务是创建渲染，以展示公司尚未建成的办公室。首先打开已导入 SOLIDWORKS Visualize 的办公环境，然后在预览模式下创建全景视图。最后创建一个阳光算例，以显示太阳光如何影响房间。

操作步骤

步骤 1　打开文件　从 Lesson10\Exercises 文件夹内打开"Office"文件，如图 10-18 所示。

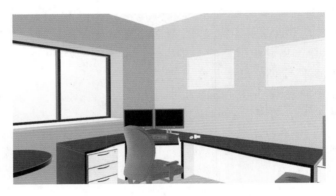

图 10-18　打开文件

> **提示**　该项目有一个日光环境来照亮布景。

步骤 2　创建全景渲染　使用【预览】模式创建一个【全景】渲染，如图 10-19 所示。

Office_Panoramic - Panoramic

图 10-19　创建全景渲染

步骤 3　关闭浏览器

步骤 4　创建阳光算例　单击【输出工具】 ，单击【阳光及其阴影算例】 。在【时间范围（开始时间 / 结束时间）】内输入"07:00"和"17:00"，如图 10-20 所示。这将模拟从早上 7 点到下午 5 点的时间。因为此视频需要很长时间才能完成，单击【闭合】。

图 10-20　创建阳光算例

步骤 5　打开视频　从 Lesson10 \ Exercises 文件夹中打开并播放"Sun Study"视频。

步骤 6　保存并关闭文件

第11章 仿　　真

学习目标
- 设置并执行摇动仿真
- 定义静态和动态实体
- 使用仿真管理程序运行并记录仿真
- 设置车辆仿真以驾驶汽车
- 创建动画以捕获仿真事件

11.1　物理仿真

SOLIDWORKS Visualize 附带了物理引擎，可以为渲染环境创造真实感。有两种方法可以使用物理引擎：
- 通过摇动台仿真重新对零部件排序，以便将熵带到有序的环境中。
- 模拟车辆驾驶。

在本章中，将在连续的示例中使用这两种仿真方法。

11.1.1　项目说明

本章包含两个示例。在第一个示例中，将打开一个已部分完成的项目，其中一盒棒球模型已经在 SOLIDWORKS 中建模为装配体文件。在 SOLIDWORKS 中，棒球组是通过阵列特征创建的，并且是有规律排列的。在该示例中将设置一个模拟来摇动棒球并保持盒子的位置，以使棒球不再有序。

在第二个示例中，将打开汽车模型并创建驾驶模拟，然后创建一个驾驶汽车的动画。

11.1.2　设计流程

主要操作步骤如下：
1. **启用摇动仿真**　通过摇动仿真可以使有序的模型看起来更加逼真。
2. **设置仿真管理程序**　可以通过仿真管理程序来运行和捕获仿真。
3. **添加仿真状态**　多次模拟的结果可以存储在仿真状态中。
4. **设置车辆仿真**　可以通过车辆仿真将汽车设置为在 SOLIDWORKS Visualize 环境中行驶。
5. **创建物理动画**　可以通过仿真管理程序创建仿真动画。

11.2　摇动仿真

CAD 程序使用的配合和阵列通常会让模型产生一种在计算机程序之外不存在的顺序感。SOLIDWORKS Visualize 中的摇动仿真可以随机移动零件，以创造一种真实感。要启动摇动仿真，必须先指定允许移动的零部件和保留在原地的零部件（允许移动的零部件是动态的，保留在原地的零部件是静态的）。在适当地定义零部件为静态或动态后，即可以通过摇动系统来执行模拟仿真。

| 知识卡片 | 摇动仿真 | ● 调色板：在【模型】选项卡中选择零件、组或模型，设置【物理】/【模拟类型】。 |

1. 动态零部件　【动态】模拟类型可应用于模型、组或零件。将零部件指定为【动态】后，可以使用其他选项来定义动态零部件的几何图形如何对静态零部件和其他动态零部件做出反应。定义完成后，动态零部件将在调色板【模型】选项卡中的图标上显示黄色的点。

2. 静态零部件　【静态】模拟类型可应用于模型、组或零件。将零部件指定为【静态】后，就可以使用其他可用选项（类似于【动态】模拟类型）。这些选项可定义实体几何图形如何对动态零部件做出反应（因为静态零部件不移动，所以其永远不会与其他静态零部件相交）。定义完成后，静态零部件将在调色板【模型】选项卡中的图标上显示绿色的点。

3. 碰撞机几何图形　有两种可用于表示零部件几何图形的模型：【边界框】和【网格】。【边界框】定义了一种简化模型，其中零部件的形状表示为一个简单的框形。此选项不太精确，但在模拟时可以更快地求解出结果。【网格】选项将零部件的几何图形定义为许多小三角形的集合。此选项可以更好地表示几何图形，并将更加精确地计算零部件之间的碰撞。但当模拟包含许多网格实体时，求解时间将会增加。

4. 物理属性　有四种物理属性可用于定义接触。这些属性简述如下：
● **静态摩擦力**　此参数用于计算在实体静止时克服摩擦所需的力。
● **动态摩擦力**　此参数用于计算在实体运动时克服摩擦所需的力。
● **弹性**　此参数用于控制碰撞实体之间传递的能量。
● **质量（千克）**　此参数用于定义相关实体的质量。只能为具有【动态】模拟类型的零部件定义【质量】。

操作步骤

步骤 1　**打开文件**　从 Lesson11\Case Study\ Box of Balls 文件夹内打开"baseballs"文件，如图 11-1 所示。单击【预览】●模式。

图 11-1　打开文件

步骤 2　查看模型　单击【模型】⊛选项卡并展开树。"Baseball-2" 到 "Baseball-29" 组已经具有与其相关联的动态物理属性，如图 11-2 所示，组图标上显示黄色的点。下面将向 "Baseball-1" 中添加【动态】属性。

步骤 3　添加【动态】属性　选择 "Baseball-1" 并单击【物理】选项卡，在【模拟类型】中选择【动态】，在【碰撞机几何图形】中选择【网格】，保持默认的【物理属性】设置，如图 11-3 所示。

图 11-2　查看模型

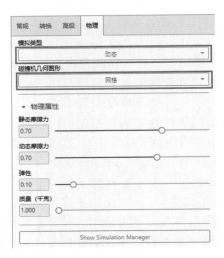

图 11-3　添加【动态】属性

提示　　　现在，"Baseball-1" 组图标上显示黄色的点。

步骤 4　添加【静态】属性　选择 "container-1" 组并单击【物理】选项卡，在【模拟类型】中选择【静态】，在【碰撞机几何图形】中选择【网格】，保持默认的【物理属性】设置，如图 11-4 所示。

114

提示　　　现在，"container-1" 组图标上显示绿色的点。

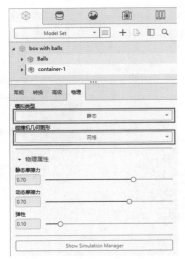

图 11-4　添加【静态】属性

11.3　仿真管理程序

仿真管理程序允许用户运行仿真并捕获仿真数据，其只有几个基本选项，但通过仿真管理程序，可以创建摇动仿真和动画。另外，对于车辆仿真，可以使用键盘进行运动控制。

知识卡片	仿真管理程序	● 调色板:【物理】/【Show Simulation Manager】。

步骤 5　显示仿真管理程序　单击【Show Simulation Manager】，【Simulation Manager】出现，如图 11-5 所示。

步骤 6　设置　单击【设置】✿，【重力】是唯一可用的选项，如图 11-6 所示。再次单击【设置】✿图标以关闭对话框，不需要进行任何更改。

图 11-5　显示仿真管理程序

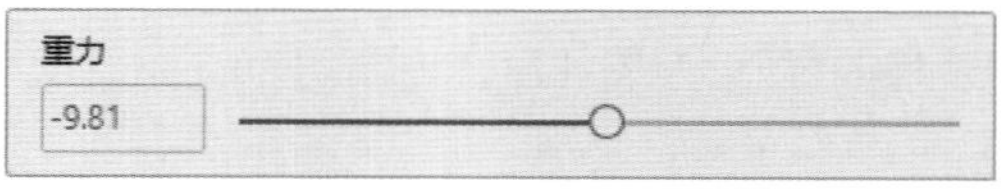

图 11-6　设置

步骤 7　摇动盒子　单击【切换物理仿真】▶。这将会消耗一些时间，但可以看到球体由于重力的影响而移动。按住【Shake】按钮，球体将持续摇动，直到释放【Shake】按钮。如果对球体的定位感到满意，可单击【暂停】⏸，如图 11-7 所示。

图 11-7　摇动盒子

11.4　仿真状态

可以使用【仿真状态】在任何时候保存动态零部件的位置，以保留每个仿真执行的结果。

知识卡片	仿真状态	● 调色板:【Simulation Manager】/【Simulation States】。

步骤 8　查看仿真状态　在【Simulation States】内单击【添加】✚。单击【停止物理仿真】◼，现在已经保存了球体的定位，如图 11-8 所示。

步骤 9　添加仿真状态　单击【切换物理仿真】▶，按住【Shake】按钮，再单击【暂停】⏸，如图 11-9 所示。在【Simulation States】内单击【添加】✚。单击【停止物理仿真】◼，现在已经保存了球体的第二个定位。

图 11-8　查看仿真状态

图 11-9　添加仿真状态

步骤 10　切换状态　通过从【Simulation Manager】中选择状态来进行切换，如图 11-10 所示。

步骤 11　渲染盒子　选择用户喜欢的【Simulation States】，根据需要调整相机的方向，创建最终渲染，如图 11-11 所示。

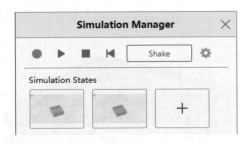

图 11-10　切换状态

图 11-11　渲染盒子

步骤 12　保存并关闭文件

11.5　车辆仿真

车辆仿真允许用户使用向导在汽车模型上指定属于车轮和卡钳的零件。此外，还可以配置汽车的其他参数，如重量、峰值扭矩和悬架特性等。当正确设置车辆后，即可通过键盘在仿真管理程序中驱动车辆。

扫码看视频

操作步骤

步骤 1　打开文件　从 Lesson11\Case Study\Driving Simulation 文件夹内打开"Sports_Car"文件，如图 11-12 所示。单击【预览】●模式。

步骤 2　车辆仿真设置　从调色板中单击【模型】⬡选项卡，从树中选择 MGB_& 零件。单击【物理】选项卡，在【模拟类型】中选择【卡】，如图 11-13 所示。

图 11-12　打开文件

图 11-13　车辆仿真设置

> **提示** 现在，在 **MGB_&** 模型的图标上出现一个蓝色的点。

步骤 3　**进入车辆向导**　单击【车辆向导】，在【车辆设置】向导的欢迎界面中单击【下一个】。

步骤 4　**自动设置**　单击【Automatic Mode (recommended)】，再单击【下一个】。

步骤 5　**车轮设置**　在【Select the direction of vehicle】中选择【-X】。按住 <Ctrl> 键并选择 "front left wheel" "front right wheel" "rear right wheel" "rear left wheel" 组中的所有零件，如图 11-14 所示。单击【添加】╋。单击【下一个】。

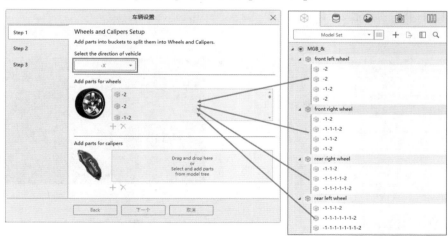

图 11-14　车轮设置

> **提示** 这辆汽车上没有卡钳，因此在这里不需要指定卡钳。

步骤 6　**验证车轮**　确认在本页面的各个部分中已经列出了正确的零件。单击【下一个】。

步骤 7   卡钳设置   此处没有列出卡钳，单击【应用】。

步骤 8   使汽车可以驾驶   在【驱动行为】中选择【控制器】，注意其他选项，如图 11-15 所示。

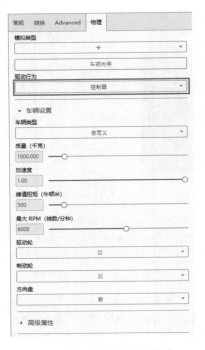

图 11-15   使汽车可以驾驶

步骤 9   驾驶汽车   单击【Show Simulation Manager】，单击【切换物理仿真】▶。尝试使用表 11-1 中列出的快捷键进行汽车驾驶，如图 11-16 所示。

表 11-1   汽车驾驶快捷键

快捷键	动作
W	加速
S	制动 / 倒车
A	左转向
D	右转向
Q	制动
E	驻车制动

图 11-16   驾驶汽车

步骤 10   将汽车放置到起点   单击【停止物理仿真】■，这将停止模拟并将汽车放置到起点。

11.6   物理动画

物理仿真可以通过仿真管理程序中的【录制物理仿真】功能转换为动画。其工作方式与【播放】按钮的工作方式大致相同。但是，若单击了【录制物理仿真】，当仿真停止时，所有模拟的移动都将被记录并发送到时间轴。

步骤 11　创建驾驶动画　单击【录制物理仿真】●，使用键盘驱动汽车约 10s。单击【停止物理仿真】■，系统将会自动创建动画。

步骤 12　播放动画　将"结束时间轴栏"（红色标志）拖动到动画的结尾，如图 11-17 所示。单击【播放】▶查看动画。

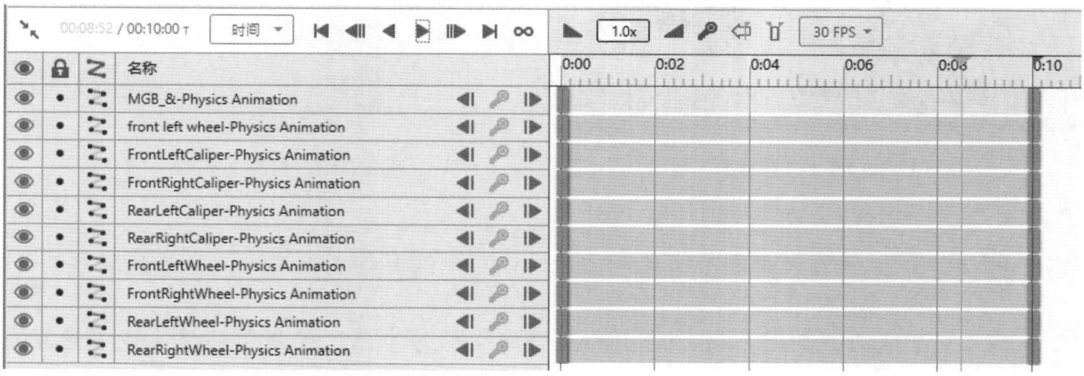

图 11-17　播放动画

步骤 13　播放视频　视频已经渲染，可从 Lesson11\Case Study\Driving Simulation 中打开并播放 "Car Driving" 文件。关闭视频。

步骤 14　保存并关闭文件

练习　玩具

在本练习中，将对一组玩具执行摇动仿真，然后设置一种环境，使其看起来像孩子们一直在玩此玩具。

本练习将应用以下技术：

- 物理仿真。
- 摇动仿真。
- 动态零部件。
- 仿真管理程序。

项目说明：假设用户是一名玩具设计师，负责为内部会议创建已设计的玩具的图像。会议的目标是使玩具看起来像孩子玩过一样。让孩子们玩玩具类似于进行摇动仿真，最后添加环境以使其更加具有真实感。

操作步骤

步骤 1　打开文件　从 Lesson11\Exercises 文件夹内打开 "Group of toys" 文件，如图 11-18 所示。

步骤 2　查看【模型】选项卡　打开调色板中的【模型】选项卡，然后展开树。在模型下列出了五个组，如图 11-19 所示。

图 11-18　打开文件

图 11-19　查看【模型】选项卡

提示　　在图标上没有出现彩色的点，所以没有仿真数据附加到这些组内。

步骤3　设置动态属性　对于列出的五个组中的每个组，使用【网格】或【边界框】的【碰撞机几何图形】来指定【动态】模拟类型，如图 11-20 所示。

步骤4　设置仿真管理程序　创建摇动仿真，如图 11-21 所示。

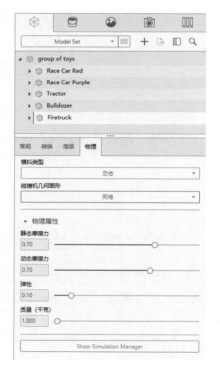

图 11-20　设置动态属性

图 11-21　摇动仿真

步骤5　应用环境　将环境应用于布景，该布景为孩子玩耍的地方，如图 11-22 所示。

步骤6　设置相机　使用讲解的技能设置相机以获得良好的拍摄效果。

步骤7　创建最终渲染　创建最终渲染，如图 11-23 所示。

步骤8　保存并关闭文件

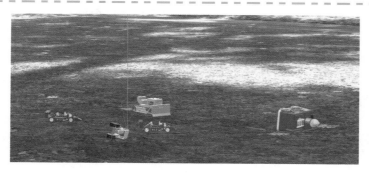

图 11-22　应用环境

图 11-23　创建最终渲染

附录　键盘快捷键

键盘快捷键是快速访问 SOLIDWORKS Visualize 功能的按键组合，见表 1~ 表 11。

附表 1　常规快捷键

快捷键	命令
Ctrl + N	新建项目
Ctrl + S	保存项目
Ctrl + Shift + N	将项目另存为
Ctrl + O	打开项目
Ctrl + I	导入模型和零件
Ctrl + W	关闭
Ctrl + F4	关闭
Ctrl + K	打开【选项】对话框
Alt + F4	关闭 SOLIDWORKS Visualize
Ctrl + Q	关闭 SOLIDWORKS Visualize

附表 2　编辑快捷键

快捷键	命令
Ctrl + Z	撤销
Ctrl + Y	重做
Ctrl + Shift + Z	重做
Ctrl + C	复制
Ctrl + V	粘贴
Backspace	删除
Delete	删除
Ctrl + F	在调色板的【外观】【布景】或【相机】选项卡上时，按 <Ctrl + F> 键可将光标置于选项卡右上角的搜索字段。此项操作允许用户通过输入字段中的文本来搜索或过滤选项卡中的内容

附表 3　模式快捷键

快捷键	命令
F1	帮助
空格键	从【简单模式】更改为【正常模式】
D	打开或关闭降噪器
Ctrl + 1	【对象】选项卡
Ctrl + 2	【外观】选项卡
Ctrl + 3	【布景】选项卡
Ctrl + 5	【相机】选项卡
Ctrl + 0	【文件库】选项卡
Ctrl + P	获取当前设置的快照
~	在渲染模式之间循环
Ctrl + L	隐藏或显示时间轴

（续）

快捷键	命令
Alt + Home	上一个选择模式
Alt + End	下一个选择模式
Alt + Page Up	上一个操作模式
Alt + Page Down	下一个操作模式

附表 4　显示快捷键

快捷键	命令
F11	全屏显示
F12	显示热键对话框
Tab	在可编辑项目之间切换
Ctrl + U	隐藏或显示"前导显示"
Ctrl + Shift+ P	暂停或恢复射线跟踪
Ctrl + M	切换演示模式

附表 5　演示快捷键

快捷键	命令
Alt + 1	下一个模型集
Alt + Shift + 1	上一个模型集
Alt + 2	下一个配置
Alt + Shift + 2	上一个配置
Alt + 3	下一个环境
Alt + Shift + 3	上一个环境
Alt + 4	下一个板
Alt + Shift + 4	上一个板
Alt + 5	下一个相机
Alt + Shift + 5	上一个相机

附表 6　操作快捷键

快捷键	命令
右键单击转换操作器中心	捕捉选定对象至曲面
Ctrl + Shift + 单击	居中所选内容
Ctrl + Shift + 单击右键	聚焦于所选内容
Alt + Shift + 单击右键	观察（而不移动相机）
Home	观察所选对象
F	整屏显示全图

附表 7　选择快捷键

快捷键	命令
Ctrl + A	选择所有
Ctrl + Shift + A	切换选择模式
Ctrl + H	隐藏所选内容
Ctrl + Shift + U	全部显示
Ctrl + Shift + H	仅显示

附表 8　布景快捷键

快捷键	命令
Ctrl + Shift + F	显示或隐藏地板反射
Ctrl + Shift + G	展开地板
Ctrl + Shift + E	显示或隐藏环境
Ctrl + Shift + B	显示或隐藏背板可见性
Ctrl + Alt + 单击	旋转环境
Ctrl + E	加载环境图像
Ctrl + B	加载背板图像
Ctrl + G	显示或隐藏网格（关闭射线跟踪时可见）
Ctrl + Shift + [	将环境明暗度减小 0.05
Ctrl + Shift +]	将环境明暗度增大 0.05
Ctrl + Shift + ;	将环境灰度系数减小 0.05
Ctrl + Shift + '	将环境灰度系数增大 0.05
Ctrl + [	将环境明暗度减小 0.25
Ctrl +]	将环境明暗度增大 0.25
Ctrl + ;	将环境灰度系数减小 0.25
Ctrl + '	将环境灰度系数增大 0.25
F10	累积

附表 9　外观控件快捷键

快捷键	命令
双击	选择外观及其属性
Shift + 单击	复制外观（在【外观】选项卡上时）
Shift + 单击右键	粘贴外观（在【外观】选项卡上时）

附表 10　相机控件快捷键

快捷键	命令
Alt + 单击	旋转相机
Alt+ 单击鼠标中键	平移相机
Alt + 单击右键	缩放相机
Alt + 滚动中键	调整相机焦距
Ctrl + Alt + 滚动中键	扭转相机
Ctrl + Alt + 单击右键	更改相机焦点
Alt + Shift + 单击右键	在不移动相机的情况下更改相机焦点
Ctrl + Shift + 单击	居中 3D 视窗中的选择
Ctrl + Shift + 单击右键	根据选择模式，将相机对准选区的中心
Home	更改选定对象的观察点
Alt + Shift + 单击鼠标中键	设置相机角度
Alt + Shift + 单击	不更改相机高度的情况下，模拟穿过布景的动作
Alt + 滚动鼠标中键	增大或减小透视图
Alt + Shift + C	重置相机
Ctrl + Shift + L	锁定相机
Alt + 5	下一个相机
Alt + Shift + 5	上一个相机

124

附表 11　动画快捷键

快捷键	命令
Ctrl + Shift + K	创建关键帧